Anna Laukner

Taschenatlas
Kleine Hunde

Die beliebtesten Rassen von A – Z

60 Farbfotos

Ulmer

Vorwort

Für viele Menschen kommt nur ein kleiner Hund in Frage: Der eine lebt in einer kleinen Stadtwohnung, ein anderer reist viel und möchte seinen Hund unkompliziert mitnehmen. Für einen älteren Menschen, der seinen Hund auch einmal hochnehmen können muss und nicht mehr ganz so standfest, aber noch rüstig ist, kommt ebenfalls nur ein kleinerer Hund in Frage.
Es gibt etwa 90 offiziell von der FCI (Fédéracion Cynologique Internationale) zugelassene Hunderassen, die unter 40 cm Schulterhöhe haben (Stand 2011). Wenn man alle nicht offiziell anerkannten Rassen und lokalen Schläge hinzuzählt, kommt man auf weit über 100. Diese Vielfalt ist selbst für Fachleute manchmal verwirrend, um wie viel schwieriger ist es für den Laien, aus diesem „Reigen" die individuell für ihn geeignete Rasse zu finden!
Für alle Freunde kleiner Hunde bietet dieser Taschenatlas bereits eine Vorauswahl: Er enthält rund 60 Rassen unter 40 cm Schulterhöhe. Darunter sind sehr aktive und robuste Rassen (also eher große Hunde im Kleinformat), niederläufige Hunde (also etwas schwerere Tiere auf kürzeren Läufen) und auch die leichteren und fragileren Zwerghunde.
(Fast) alle vorgestellten Rassen werden auch in Deutschland gezüchtet und sind auf größeren Hundeausstellungen zu sehen.
Dieser Taschenatlas dient als Orientierungshilfe, er gibt Auskunft über Herkunft, Wesen und Besonderheiten bei der Haltung der jeweiligen Hunderasse. Als Begleiter etwa beim Besuch einer Hundeausstellung leistet er ebenfalls wichtige Dienste.

Dr. Anna Laukner

Inhalt

Kleine Rassekunde

Die FCI unterteilt die Hunderassen in 10 Gruppen, diese wiederum in verschiedene Sektionen. Diese Einteilung orientiert sich am ursprünglichen Verwendungszweck und an bestimmten morphologischen Eigenschaften der Rassen – auch wenn heute die meisten Rassevertreter nicht mehr für ihre ursprüngliche Aufgabe verwendet werden.
Viele der in diesem Buch vorgestellten Rassen sind in die Gruppe 9 eingeteilt (Gesellschafts- und Begleithunde) und eignen sich daher besonders für Anfänger. In dieser Gruppe finden sich auch die meisten Zwerghunderassen. Es gibt außerdem viele kleine und niederläufige Terrierrassen, die meist ursprünglich zur Jagd eingesetzt wurden. Daneben kennt man noch die Zwergformen größerer Hunderassen oder -typen, wie Schnauzer, Pinscher, Spitz, Windhund und Schäferhund. Auch der Shiba Inu und der Basenji sind eigentlich große Hunde im Klein- bis mittleren Format. Dackel, Cocker und Petit Basset sind Jagdhunde, die heute auch als Familienhunde gezüchtet werden.
Jeder Hund ist – ungeachtet seiner Rasse – ein Individuum, dessen Wesen sich aus äußeren und inneren Faktoren zusammensetzt. Deshalb gibt es keine Garantie dafür, dass ein Hund bestimmte „rassetypische" Eigenschaften entwickelt. Einfluss auf das Wesen haben neben den Genen immer auch die Aufzucht- und Haltungsbedingungen. Um alle erwünschten Eigenschaften entwickeln zu können, muss der Hund entsprechend sorgfältig sozialisiert, erzogen, ernährt, gehalten und beschäftigt werden.
Ein Welpe sollte immer bei einem seriösen Züchter gekauft werden, der die Elterntiere auf mögliche Erbkrankheiten bzw. rassespezifische Erkrankungen testen lässt, die Welpen sorgfältig aufzieht und sozialisiert und der dem Welpenkäufer auch nach dem Kauf hilfreich zur Seite steht. All dies ist beim Kauf über einen Massenzüchter, Händler oder übers Internet nicht gewährleistet. Entsprechend ist auch der Kaufpreis für einen Welpen aus seriöser Zucht höher: Gesundheitstests, Impfungen, Ausbildung und Ausstellungsbesuche der Elterntiere, optimale Unterbringung, Sozialisierung und Ernährung sind nur einige Posten, die mit Geld und Zeit zu Buche schlagen. Achten Sie also darauf, dass der Züchter einem Rassezuchtclub angehört, der dem VDH (Verband für das Deutsche Hundewesen) oder den entsprechenden schweizerischen (SKG) oder österreichischen (ÖKV) Verbänden angegliedert ist. Als Ersthundebesitzer sollten Sie zudem einen Züchter wählen, der schon einige Würfe gezüchtet hat und über ausreichend Erfahrung mit der Rasse verfügt, um Sie entsprechend beraten und Ihnen bei der Auswahl des passenden Welpen helfen zu können.
Besuchen Sie mit einem kleinrassigen Welpen Welpenspielstunden speziell für kleine Hunderassen (werden mittlerweile in vielen Hundeschulen angeboten).
An dieser Stelle möchte ich darauf hinweisen, dass auch der kleinste Hund eine

ebenso gewissenhafte und intensive Sozialisierung und Erziehung (auch zur Stubenreinheit) benötigt wie jeder größere Hund. „Zwerg“ oder „Toy“ bezieht sich nur auf die Körpergröße – nicht auf die psychischen Bedürfnisse!

Piktogramme und Maßangaben

Größe und Gewicht: Angegeben wird die Schulterhöhe als Stockmaß.
Die Größen- und Gewichtsangaben beziehen sich auf die Vorgaben des jeweiligen Rassestandards. Bei manchen Rassen wird das Gewicht (und seltener auch die Größe) im Standard nicht angegeben. In diesen Fällen sind die rasseüblichen Durchschnittsmaße angegeben.
Bei jedem Rasseporträt finden Sie außerdem vier Symbole (Piktogramme). Diese stehen für

- **Fellpflege (einfach/mittel/aufwendig):** häufiges Kämmen, Bürsten oder Baden; regelmäßiges Trimmen oder Scheren; Neigung zum Verfilzen; erhöhter Körperpflegebedarf.
- **Aktivität (gering/mittel/hoch):** Hier ist die Einteilung nicht ganz einfach, da die Aktivität auch individuell variieren kann. Zudem empfindet jeder Besitzer die Aktivität seines Hundes anders – je nach der eigenen Aktivität.
- **Lebenserwartung:** Alle Angaben sind Durchschnittswerte.

Wichtig

In Deutschland besteht ein Kupierverbot. Ohren dürfen seit 1987, Ruten seit 1998 nicht mehr kupiert werden.

- **Eignung für Anfänger (gut/eingeschränkt):** Gelehrige, ausgeglichene Begleithunde-Rassen mit hoher Reizschwelle eignen sich besser für Leute mit wenig Hundeerfahrung. Natürlich variieren die Eigenschaften individuell.

Die Erläuterungen der Fachwörter finden Sie im Glossar auf Seite 126.
Auf der rechten Seite jedes Rasseporträts finden Sie das INFOPLUS: Hier stehen viele Zusatzinformationen, speziell zur jeweiligen Rasse, nützliche Internet-Adressen und zwei Tabellen. Jedes INFOPLUS ist farblich hinterlegt: Diese Farbunterschiede stehen für unterschiedliche „Gewichtsklassen“.
Einen blauen Hintergrund haben die Rassen mit maximal 6 kg Körpergewicht (dies ist das Höchstgewicht für die Mitnahme in der Passagierkabine bei den meisten Fluggesellschaften).
Mit gelbem Hintergrund sind die Rassen gekennzeichnet, die man noch gut auf dem Arm tragen kann (also bis etwa 10 kg).
Rot schließlich ist der Hintergrund unterlegt, wenn das Gewicht diese Marke übersteigt. Diese Hunde kann man immer noch gut hochheben, allerdings nicht mehr unbedingt über eine größere Distanz tragen.

Hunderassen von A bis Z

einfach | mittel | 12–15 Jahre | gut

Affenpinscher

FCI-Standard Nr. 186
Größe: 25–30 cm
Gewicht: circa 4–6 kg
Farbe: schwarz

Herkunft und Verbreitung: Der Affenpinscher ist eine der ältesten deutschen Hunderassen. Er hat die gleichen Ahnen wie der Zwergschnauzer, wobei das „Äffchen" die ältere Rasse ist. Er wurde schon früher als Gesellschafts- und Begleithund gehalten, außerdem bewährte er sich als Mäusejäger.
Wesen: Der Affenpinscher soll laut Standard unerschrocken, wachsam, hartnäckig und anhänglich an seine Familie sein, dabei manchmal von „aufbrausender Leidenschaft". Er ist in der Regel ein selbstbewusster Hund, der in der Rudelhaltung mit größeren Hunden oft einen Platz an der Spitze der Hierarchie einnimmt. Bei der Begegnung mit fremden größeren Hunden muss man den mutigen, kleinen Affenpinscher unter Umständen vor sich selbst beschützen. Ein eifriger Mäusejäger ist der Affenpinscher auch heute noch und zieht das Stöbern in Feld und Flur einer gemütlichen Sofastunde in aller Regel vor.
Haltung: Haltung und Pflege sind eher unkompliziert, zweimal im Jahr sollte das raue Fell getrimmt werden. Allzu üppige Ohrenbehaarung wird regelmäßig ausgezupft. In die Augen ragendes Haar wird gekürzt. Wie bei den meisten kleinen Hunden muss besonders auf die Gesundheit von Knochen und Gelenken geachtet werden; Überbelastung ist zu vermeiden.

Das mag er	Das mag er nicht
Mäuse jagen, seine Menschen, der Chef sein	aufdringliche Fremde, Langeweile

! Heute gehört der Affenpinscher mit 20–25 Welpen, die jährlich innerhalb des VDH gezüchtet werden, in Deutschland zu den seltenen Hunderassen.

Mäusejäger

Affenpinscher sind temperamentvolle und blitzgescheite Hunde, die durch ihr strubbeliges rundes Köpfchen pfiffig und putzig zugleich wirken. Man merkt ihnen an, dass ihre Vorfahren für ratten- und mäusefreie Ställe und Futterkammern sorgten sowie den Hof bewachten. Auch heute noch sind sie begabte Mäusejäger und nehmen zudem den Schutz ihrer Familie und deren Hab und Gut ernst. Affenpinscher sind mit einem Leben als reine Schoßhunde nicht zufrieden, sie brauchen eine Aufgabe und eignen sich für vielfältige, der Größe angemessene Einsatzgebiete wie Mini-Agility, Obedience und ähnliche Hundesportarten.

Ganz in schwarz

Früher gab es Affenpinscher in verschiedenen Farbschlägen (wie auch seine größeren Verwandten, die Pinscher und Schnauzer). Heute wird ein einheitlicher schwarzer Typ angestrebt, mitunter fallen aber auch andersfarbige Affenpinscher (gräuliche oder rötliche Tiere). Seit einer Standardänderung im Jahr 2000 gelten diese Farbschläge heute als „Fehlfarben". Schade eigentlich, denn auch die roten oder grauen „Äffchen" sind reinrassig und geben genauso bezaubernde Begleiter ab wie ihre schwarzen Geschwister.

Pflege

Je nach Felltextur müssen die Haare im äußeren Gehörgang regelmäßig ausgezupft (nicht geschnitten) werden, um das Ohr sauber und gut belüftet zu halten. Entweder Sie lassen sich diese Prozedur vom Tierarzt, Züchter oder Hundefriseur zeigen oder Sie bringen Ihren Affenpinscher regelmäßig in einen guten Hundesalon (der am besten bereits über Erfahrung mit der Rasse verfügt).

VDH-Mitgliedsvereine
www.psk-pinscher-schnauzer.de

? Beim Affenpinscher sind zwei Ohrformen erlaubt: das V-förmige Klappöhrchen und das natürliche Stehohr. Seit 1987 ist das Kupieren der Ohren und seit 1998 das Kupieren der Ruten in Deutschland verboten.

Zu wem passt der Affenpinscher?			
Reiselustige	☺	☺	
Sportliche	☺	☺	☺
Familien	☺	☺	
Gemütliche	☺		

aufwendig	*hoch*	*13–15 Jahre*	*gut*

American Cocker Spaniel

FCI-Standard-Nr. 167
Größe: Rüden 36,83–39,37 cm
Hündin 34,09–36,8 cm
Gewicht: 10–13 kg
Farbe: schwarz und braun mit oder ohne lohfarbene Abzeichen, rot (creme bis tiefrot). Jeweils einfarbig oder weiß gescheckt oder geschimmelt.

Herkunft und Verbreitung: Der American Cocker wurde in den USA aus dem englischen Cocker gezüchtet. Er wird heute hauptsächlich als Familien- und Ausstellungshund gehalten und gehört in seinem Ursprungsland zu den populärsten Hunderassen.
Wesen: Der Ami zeichnet sich durch ein fröhliches, temperamentvolles und anhängliches Wesen aus. Er ist sehr liebebedürftig und spielfreudig, eignet sich dadurch gut als Familienhund. Durch seine Herkunft zeigt er durchaus noch Jagdtrieb. Der Ami eignet sich gut für Sportarten wie Agility oder Dogdancing.
Haltung: Das besonders üppige Haarkleid erfordert viel Pflege, vor allem bei Ausstellungshunden. Bei reinen Familienhunden wird man das Fell etwas kürzen, um den Pflegeaufwand in Grenzen zu halten. Wie mancher Spaniel neigt auch der Ami mitunter zu Ohrenentzündungen (vor allem bei mangelnder Pflege). Nach jedem Spaziergang sollten die Pfoten und Ohren kontrolliert und gegebenenfalls von Fremdkörpern befreit werden, vor allem im Winter können Eisklumpen und Streusalz die Ballen reizen.

Das mag er	Das mag er nicht
sanfte Worte, Stöbern, Leckerbissen	zu raue Spiele

In Deutschland hat er nie die Beliebtheit seines englischen Vetters erreicht, hier werden jährlich nur um die 100 Welpen eingetragen.

Jagdhunderbe

Amerikanische Cockerspaniel gehen auf englische Cocker zurück, die um 1870 in die USA und Kanada importiert wurden. Im Laufe der Zeit verlagerte sich hier in Europa seine Haltung vom Jagdhund fast vollkommen hin zum Familien- und Begleithund. Auch wenn man es den niedlichen Hunden mit dem treuherzigen Blick und dem üppigen Traumfell heute nicht mehr unbedingt ansieht, schlummert in vielen noch der Stöberhund. Deshalb sollten Sie Ihren Ami bei einem Spaziergang in wildreichem Gebiet sicherheitshalber anleinen.

Pflege

Um einen Amicocker für eine Ausstellung vorzubereiten, bedarf es einer aufwendigen und nicht ganz einfachen Fellpflege. Am besten lassen Sie sich dies vom Profi zeigen. Je nach Felltextur werden Scher- und Trimmtechniken kombiniert. Für den „Hausbedarf" reicht es, wenn der Hund regelmäßig gründlich gebürstet wird, um Verfilzungen zu vermeiden und das Fell etwas gekürzt wird, um die tägliche Pflege und die Bewegungsfreiheit etwas zu erleichtern. Beachten Sie vor allem folgendes: Halten Sie die Haare am Fang kurz, um Lefzenekzeme zu vermeiden. Die Ohren müssen täglich kontrolliert sowie gebürstet werden, um Ohrenentzündungen vorzubeugen. Auch die Pfoten werden täglich kontrolliert (auch in den Zehenzwischenräumen), zu üppiges Fell wird gekürzt. Alternativ kann ein auf Cocker spezialisierter Hundesalon die Fellpflege übernehmen.

VDH-Mitgliedsvereine

www.jagdspaniel-klub.de
www.cockerclub-deutschland.de
www.spanielclub-deutschland.de

Das sollten Sie wissen

Manche Amicocker neigen zum so genannten Lefzenekzem. Auslöser sind Speichel und Essensreste in den Lefzenfalten. Reinigen Sie am besten nach jeder Mahlzeit und jedem Trinken diesen Bereich. Gewöhnen Sie bereits den Welpen daran, sich die Zähne putzen zu lassen. Hat sich die Lefzenfalte erst einmal entzündet, hilft oft nur noch eine Behandlung mit Antibiotika. In milden Fällen kann auch lokal mit Chlorhexidin behandelt werden.

Zu wem passt der Amicocker?			
Reiselustige	☺	☺	
Sportliche	☺	☺	☺
Familien	☺	☺	☺
Gemütliche	☺		

mittel | hoch | 12–14 Jahre | eingeschränkt

Australian Silky Terrier

FCI-Standard-Nr. 236
Größe: 23–26 cm (Hündin etwas geringer)
Gewicht: etwa 6,5 kg (Hündin etwas weniger)
Farbe: blau mit lohfarbenen Abzeichen

Herkunft und Verbreitung: Der Silky geht auf die gleichen Vorfahren wie der Australian Terrier (siehe dort) zurück und entstand in seiner heutigen Form durch die Einkreuzung seidenhaariger Terrier.
Wesen: Wie sein Verwandter, der Australian Terrier, ist auch der Silky ein typischer Terrier: wachsam, aufmerksam, quicklebendig und selbstbewusst. Wie alle Terrier muss er bestimmt, gerecht und konsequent erzogen werden und braucht klare Linien sowie physische und psychische Auslastung, um seine guten Eigenschaften voll entfalten zu können. Durch sein seidiges, schimmerndes Fell wirkt er „feiner" als sein rauhaariger Vetter, ist aber genauso furchtlos und unternehmungslustig. Der Silky hat eine rasche Auffassungsgabe und lässt sich gut in verschiedenen Hundesportarten führen (immer seiner Größe angepasst).
Haltung: Das seidige Fell ist nicht so lang wie das des Yorkshire Terriers, deshalb hält sich der Pflegeaufwand in Grenzen. Allerdings muss auch er regelmäßig gekämmt und gebürstet werden. Silkys eignen sich gut für die Haltung in der Stadt, brauchen aber wie jeder aktive Hund genügend Bewegung und Beschäftigung.

Das mag er	Das mag er nicht
Action, Sport und Spiel	antiautoritäre Erziehung, Stubenhocker

Das seidige Haar des Silky ist nicht so wetterfest wie das seiner rauhaarigen Vettern. Lassen Sie Ihren Silky bei nasskaltem Wetter nicht bewegungslos verharren.

Enge Verwandte

Der Australian Silky Terrier und der Australian Terrier (lesen Sie auch sein Porträt) gehen auf die gleichen Vorfahren zurück. Der Australian Terrier zeichnet sich durch sein hartes, pflegeleichtes Haarkleid aus, während der Silky seidiges, mittellanges Deckhaar besitzt. Der Silky nimmt eine Zwischenstellung zwischen Australian und Yorkshire Terrier ein: Er ist etwas feiner als der Aussi, aber kräftiger und nicht so üppig behaart wie der Yorkie.

Kein Schoßhund

Silkys sind genauso agile, tatkräftige und wachsame Hunde wie die meisten Terrier. Zwar lieben auch sie es, Zärtlichkeiten mit ihrer Bezugsperson auszutauschen – können aber im nächsten Moment schon wieder unter der Gartenhecke einer Maus nachstellen oder einen unbekannten Menschen an der Haustür verbellen. Sie sind immer auf Zack und nehmen ihre Aufgabe als Aufpasser und Jäger sehr ernst.

Silkys müssen keine Kläffer sein – auch wenn sie als Terrier tendenziell sehr wachsam sind. Wirken Sie erzieherisch von Anfang an auf ihn ein und erlauben Sie nur kurzes Melden.

Stubenreinheit

Wie bei allen sehr kleinen Hunderassen kann die Erziehung zur Stubenreinheit eine Herausforderung sein. Bei einem so kleinen Welpen muss man ständig sehr gut beobachten, wo der Kleine gerade ist und ihn hinausbringen, bevor das Geschäftchen unbemerkt unter dem Sofa verrichtet wurde.

VDH-Mitgliedsvereine
www.kft-online.de

Das sollten Sie wissen

Wie alle sehr kleinen Hunderassen sollte der Silky körperlich nicht überfordert werden, zu starke Belastungen schaden auf Dauer seinen Gelenken. Am besten tragen Sie ihn auf langen Treppen mit hohen Stufen und lassen ihn nicht ständig aus Höhen über 40 cm herab springen. Laufen und Rennen darf und soll er natürlich nach Belieben!

Zu wem passt der Silky?			
Reiselustige	☺	☺	(☺)
Sportliche	☺	☺	☺
Familien	☺	☺	
Gemütliche	☺		

einfach | hoch | 12–14 Jahre | eingeschränkt

Australian Terrier

FCI-Standard-Nr. 8
Größe: etwa 25 cm (Hündin etwas weniger)
Gewicht: etwa 6,5 kg (Hündin etwas weniger)
Farbe: blau, stahlblau oder dunkelgraublau mit satten lohfarbenen Abzeichen; einfarbig sandfarben oder rot

Herkunft und Verbreitung: Seine Vorfahren, kleine englische und schottische Terrier, wurden von britischen Siedlern in der Mitte des 19. Jahrhunderts nach Australien gebracht. Dort wurden sie als kleine, harte Arbeitshunde eingesetzt, etwa zur Ratten- und Schlangenbekämpfung, aber auch ganz terrieruntypisch zum Hüten.
Wesen: Der Aussi, wie er auch genannt wird, ist ein typischer Terrier: furchtlos, aufmerksam, unternehmungslustig und selbstbewusst. Wie alle Terrier muss er bestimmt, gerecht und konsequent erzogen werden und braucht klare Linien sowie physische und psychische Auslastung, um seine guten Eigenschaften voll entfalten zu können. Ein gut sozialisierter und erzogener Aussi ist ein wunderbarer Begleiter und Familienhund.
Haltung: Das schlichte, harsche Rauhaar ist pflegeleicht. Es muss ab und zu gekämmt und gebürstet werden, gelegentlich wird er etwas getrimmt. Er war nie ein Modehund, was ihn vor jeglicher Übertreibung geschützt hat. In der Rasse sind keine speziellen Erkrankungen bekannt, wie bei allen kleinen Hunden kann gelegentlich Patellaluxation auftreten.

Das mag er	Das mag er nicht
Action, Sport und Spiel	antiautoritäre Erziehung, ungerechte Behandlung

! Der Australian Terrier ist in Deutschland recht selten, es werden durchschnittlich 50 Welpen pro Jahr innerhalb des VDH gezüchtet.

Enge Verwandte

Der Australian Terrier und der Australian Silky Terrier (lesen Sie auch sein Porträt) gehen auf die gleichen Vorfahren zurück. Der Australian Terrier zeichnet sich durch sein hartes, pflegeleichtes Haarkleid aus, während der Silky seidiges, langes Deckhaar besitzt.

Erziehung

Wie die meisten Terrier-Rassen eignet sich ein Australian Terrier nicht für antiautoritäre Erziehung. Der Besitzer sollte selbstbewusst und konsequent sein, dabei nicht aufbrausend oder gar ungerecht.
Die meisten Terrier haben feine Antennen für natürliche Führungspersönlichkeiten, die sie in der Regel auch anerkennen. Es gilt, das richtige Mittelmaß zu finden und weder ins eine Extrem (Unterdrückung) noch ins andere Extrem (Verzärteln) zu fallen. Mit der richtigen Anleitung, Erziehung und Förderung kann ein Terrier erst sein ganzes Potential entfalten.

Sportlicher Begleiter

Als Besitzer eines Australian Terriers sollte man kein Stubenhocker sein, sondern sich gerne auch bei Wind und Wetter in der Natur bewegen. Man kann den Aussi auf vielfältige Weise beschäftigen und bewegen: Agility, Trickdogging oder Flyball sind nur drei Beispiele. Während eines Spazierganges kann man vielfältige Übungen wie Such- und Bringspiele, Gehorsamsübungen sowie Geschicklichkeits- und Kletterparcours einbauen. Das macht Hund und Herrchen Spaß und intensiviert die Bindung.

Rudeltauglich

Eher terrieruntypisch ist die Verträglichkeit des Australian Terriers mit Artgenossen. Um diese optimal zu fördern, sollte der Welpe bereits beim Züchter entsprechend sozialisiert werden. Führen Sie diese Sozialisierung zu Hause fort. Mit der entsprechenden Sozialisierung akzeptiert der Aussi auch andere Haustierarten. Als ehemaligen Rattenjäger sollte man ihn aber sicherheitshalber nie mit kleinen Heimtieren wie Meerschweinchen, Hamstern & Co. alleine lassen.

VDH-Mitgliedsvereine
www.kft-online.de

Zu wem passt der Aussi?

Reiselustige	☺	☺	(☺)
Sportliche	☺	☺	☺
Familien	☺	☺	
Gemütliche	☺		

einfach | mittel | 12–13 Jahre | eingeschränkt

Basenji

FCI-Standard-Nr. 43
Größe: Rüde 43 cm, Hündin: 40 cm
Gewicht: Rüde 11 kg, Hündin: 9,5 kg
Farbe: schwarz, rot, black and tan oder gestromt, jeweils mit weißen Abzeichen

Herkunft und Verbreitung: Der Basenji stammt aus Zentralafrika und wurde erst ab den 1930er Jahren in Europa gezüchtet. Auch heute werden Basenjis noch zur Jagd eingesetzt.

Wesen: Basenjis sind eigenständige Hunde. Sie sind selbstständige Jäger und daher, genau wie Windhunde, Kommandos aus Distanz- und Ablenkungsgründen nicht zugänglich – dies hat absolut nichts mit Ungehorsam zu tun. Freilauf ohne Leine kann man ihnen kaum gewähren, und auch der Garten muss eingezäunt und ausbruchssicher sein. Wer sich einen Basenji anschafft, muss dem Rechnung tragen oder sich für eine Rasse entscheiden, deren ursprüngliche Aufgaben in anderen Gebieten lagen (etwa Begleit-, Hüte- oder Wachhunde).

Haltung: Der Basenji ist ein gesunder, sportlicher Hund, wird er in einer verantwortungsbewussten Zucht erworben, wo Untersuchungen auf Erbkrankheiten zur Selbstverständlichkeit gehören. Die Elterntiere sollten auf HD (Hüftdysplasie), zuchtausschließende Augenkrankheiten (PRA) und Fanconi-Syndrom (siehe Glossar) untersucht worden sein. Der deutsche Basenji-Klub engagiert sich sehr in Erforschung und Bekämpfung rassebedingter Erkrankungen.

Das mag er	Das mag er nicht
Bewegung, Unabhängigkeit, Wärme, Körperkontakt	Kälte, Regen, aufdringliche Fremde

! Der Basenji ist eigentlich ein Hund für Katzenliebhaber: Legendär sind seine Reinlichkeit, eine gewisse Abneigung gegenüber Nässe und sein fehlender Eigengeruch.

Coursing & Co.

An der Leine entwickeln sie eine erstaunliche Zugkraft für ihre Körpergröße. Da ein „normaler" Spaziergang an der Leine einen Basenji auf Dauer kaum fordert, muss man Alternativen suchen, mit denen man seinen Hund auslasten kann. Eine Möglichkeit ist das Coursing. Bei diesem organisierten Querfeldeinlauf verfolgen die Hunde eine Attrappe, die von einer Zugmaschine im Zick-Zack über ein weitläufiges Gelände gezogen wird. Entwickelt wurde Coursing für Windhunde, und offizielle Coursing-Wettbewerbe werden in Europa auch nur für diese Rassen abgehalten. Allerdings gibt es inoffizielle Coursingtreffen, bei denen auch Basenjis laufen können. Organisiert werden Coursings (und auch Rennen auf Hunderennbahnen) unter anderem vom Basenji-Klub (s.u.) in Kooperation mit Windhunderennvereinen. Allerdings kann man problemlos an den von fast allen Windhundrennvereinen des DWZRV (Deutscher Windhundzucht- und Rennverbandes e.V.) angebotenen Trainingsveranstaltungen mit seinem Basenji als Gast teilnehmen. Es gibt übrigens auch Basenjis, die sich gut für Agility motivieren lassen – probieren Sie einfach aus, welche Beschäftigung Ihrem Hund am meisten liegt!

? Basenjis bellen nicht. Sie geben mitunter ziemlich laute Töne von sich, die als Jodeln, Heulen, glucksendes Lachen oder Quietschen beschrieben werden.

Kritischer Trend

Im Laufe der letzten 10 Jahre hat sich die Anzahl der gezüchteten Basenjis versiebenfacht – allein im VDH werden fast 100 Welpen pro Jahr eingetragen. Diese Entwicklung hat auch Schattenseiten: Da der Basenji sich nicht für jeden eignet, werden immer wieder Basenjis abgegeben, weil die Besitzer falsche Vorstellungen vom Wesen und den Bedürfnissen dieser Rasse hatten.

VDH-Mitgliedsvereine
www.basenji-klub.org
Notvermittlung von Basenjis:
www.basenjis-in-not.de
Adressen von Windhundrennvereinen:
www.dwzrv.de

Zu wem passt der Basenji?			
Reiselustige	☺		
Sportliche	☺	☺	
Familien	☺	☺	
Gemütliche	☺		

einfach | hoch | 11–14 Jahre | mittel

Beagle

FCI-Standard-Nr. 161
Größe 33–40 cm
Gewicht: 10–18 kg (je nach Größe)
Farbe: jede anerkannte Houndfarbe außer leberbraun; eiße Rutenspitze

Herkunft und Verbreitung: Der Beagle wurde ursprünglich in England als Meutehund zur Hasenjagd gezüchtet. Heute gibt es jagdlich orientierte Zuchten und Formzuchten.

Wesen: Ein Rassekenner schrieb einmal: „Der Beagle hat die Dickköpfigkeit eines Teckels – ohne dessen Kauzigkeit".
Und tatsächlich ist der Beagle ein Schlitzohr mit dem Gesicht eines Engels. Darum ist viel Konsequenz bei seiner Erziehung nötig. Er wird zwar nur selten versuchen, seinen Willen „mit Gewalt" durchzusetzen, dafür kann es sein, dass er seine Ohren einfach auf Durchzug stellt. Seine Hobbys: Fressen, wann immer und so viel es geht, und stromern, sooft sich eine Gelegenheit und eine Fährte bieten. Ein gut erzogener Beagle ist ein reizender Familienhund; verspielt bis ins hohe Alter und begeistert bei allen Aktivitäten dabei. Beagles sind ausgesprochene Meutehunde, je mehr Mitglieder ihr Rudel hat, desto besser; auch Besucher müssen sich in aller Regel vor einem Beagle nicht fürchten.

Haltung: Beagle sind gesundheitlich und auch psychisch robuste Hunde, die (leider) zu den häufigsten Versuchshunden gehören.

Das mag er	Das mag er nicht
Fressen, Stromern	Alleinsein, aufs Wort gehorchen

! Achten Sie bei der Züchterauswahl darauf, dass die Welpen ausreichend auf den Menschen geprägt wurden.

Houndfarben

Unter Houndfarben versteht man eine Vielzahl von Farben und Farbkombinationen, die typischerweise bei den verschiedenen Laufhunderassen vorkommen. Hierzu gehören unter anderem: Tricolour (dreifarbig schwarz, braun und weiß) ist die häufigste Farbe beim Beagle. Daneben gibt es aber auch zweifarbige (Bicolour) in rot und weiß. Das Rot kann hierbei verschiedene Töne haben von kräftig rot (red) über mittlere Farbintensität (tan) bis hin zu einem sehr hellen Ton (lemon). Seltener gibt es den Farbschlag Pied, hierbei sind die Einzelhaare schwarz und rot gebändert. Schließlich gibt es auch Beagle, deren weiße Flecken farbig gesprenkelt sind, solche Hunde nennt man „mottles".

Der Beagle als Jagdhund

Unter seinem niedlichen Äußeren steckt ein waschechter Jagdhund; früher jagte er in großen Meuten Hasen und Kaninchen. Heute wird der Beagle in Deutschland immer noch als Jagdhund geführt, sein Aufgabenbereich hat sich jedoch verändert: Er soll das Wild nicht mehr hetzen, sondern aufstöbern und/oder nach dem Schuß suchen. Durch seine handliche Größe, seine gute Nase und seinen Spurlaut ist er ein vielseitig einsetzbarer Jagdhelfer, lässt sich gut transportieren und bereichert auch in der Freizeit das Familienleben seines Besitzers.

Vielseitiger Beagle

Beagle sind sehr aktive, unternehmungslustige Hunde. Sie eignen sich neben der jagdlichen Ausbildung vor allem für Hundesportarten, bei denen sie etwas (oder jemanden) aufstöbern können, also Fährtenarbeit, Mantrailing, Flächensuche etc., aber auch Dummyarbeit. Manche Beagle finden auch Gefallen an Agility und Obedience, wobei hier das Hauptaugenmerk auf dem Spaß an der Sache liegen sollte, für sehr ehrgeizige Besitzer eignet sich eine andere Rasse wahrscheinlich besser.

VDH-Mitgliedsvereine
www.beagleclub.de

Zu wem passt der Beagle?			
Reiselustige	☺	☺	
Sportliche	☺	☺	☺
Familien	☺	☺	☺
Gemütliche	☺		

mittel bis aufwendig | niedrig bis mittel | etwa 15 Jahre | gut

Bichon frisé (Bichon a poil frisé)

FCI-Standard Nr. 215
Größe: max. 30 cm
Gewicht: max. 4 kg
Farbe: weiß

Herkunft und Verbreitung: Die Bichons stammen von kleinen, langhaarigen Hunden rund um das Mittelmeer ab, viele Mittelmeeranrainerstaaten haben ihre „eigene" Bichon-Rasse.
Wesen: Bichons werden seit vielen Generationen als reine Begleithunde gezüchtet, dies macht sie zu fröhlichen und anschmiegsamen Gefährten, die in der Regel anpassungsfähig und wachsam, aber keine übermäßigen Kläffer sind. Auch wenn sie noch so klein und niedlich sind, darf man nicht vergessen, dass sie Hunde und keine Lifestyle-Accessoires sind. Eine gute Sozialisierung und Kontakt zu Artgenossen sollten auch für sie selbstverständlich sein. Sie fühlen sich durchaus mit ein paar kleineren Runden am Tag wohl, wichtig ist ihnen vor allem, in der Nähe Ihrer Bezugsperson zu sein und viel Zuwendung zu bekommen.
Haltung: Um die weißen Locken sauber und gepflegt zu halten, ist eine regelmäßige und gründliche Fellpflege nötig. Wer davor zurückschreckt, sollte sich eher für eine kurzhaarige Rasse entscheiden. Ab und zu treten Probleme mit verengten Tränen-Nasen-Kanälen auf, die zu braunen Spuren unter den Augen führen. Pflege brauchen auch die Zähne, beginnen Sie am besten schon beim Welpen damit.

Das mag er	Das mag er nicht
Streicheleinheiten, Nähe zu seinen Menschen	grobe Behandlung, Pflegemuffel

! Innerhalb des VDH werden jährlich etwa 200 Bichon frisé gezüchtet – das sind deutlich mehr als noch vor 10 Jahren.

Das sind Bichons

Der Bichon frisé geht ursprünglich auf französische Wasserhunde zurück. Diese heißen „Barbet“. Die Zwergform dieser Barbets nannte man „Barbichon“ oder vereinfacht „Bichon“. Betrachtet man Fotos heutiger Wasserhunde (etwa Barbet, Spanischer Wasserhund und natürlich auch der Pudel) so fällt einem immer noch die Ähnlichkeit auf. Schon auf alten Gemälden, vor allem des spanischen Meisters Goya, werden Bichons als Begleiter adeliger Damen dargestellt. Heute werden mit Bichon generell fünf Hunderassen bezeichnet, die mehr oder weniger auf die gleichen Wurzeln zurückgehen: Bichon frisé, Bologneser, Malteser (die weißen Bichon-Rassen) sowie Löwchen und Havaneser (die farbigen Bichon-Rassen).

Tränenfluss

Wie fast alle weißen Zwerghunderassen hat mancher Bichon frisé mehr oder weniger deutlich sichtbare „Tränenstraßen“. Diese werden durch die Tränenflüssigkeit verursacht, welche das Haar rötlich verfärbt. Sollte der Tränenfluss bei Ihrem Hund sehr ausgeprägt sein, so lassen Sie vom Tierarzt abklären, ob eine Erkrankung zugrunde liegt. In manchen Zuchtlinien besteht eine Veranlagung zu verengten Tränen-Nasen-Kanälen, die nicht behandelbar ist. Mit regelmäßiger Pflege (etwa spezielles Reinigungsmittel) und vorsichtigem Auskämmen und Kürzen der betroffenen Haare kann man die rötlichen Spuren etwas vermindern.

Der ideale Besitzer …

…ist ausgeglichen, liebevoll und freut sich über einen Hund, der ungern von seiner Seite weicht. Er kann und möchte seinen Hund möglichst überall mit hinnehmen. Außerdem hat er Freude an und genug Zeit für die Haarpflege seines Hundes.

VDH-Mitgliedsvereine
www.kleinhunde.de

Zu wem passt der Bichon frisé?			
Reiselustige	☺	☺	☺
Sportliche	☺	☺	
Familien	☺	☺	☺
Gemütliche	☺	☺	☺

mittel bis aufwendig	*niedrig bis mittel*	*etwa 15 Jahre*	*ja*

Bologneser

FCI-Standard Nr. 196
Größe: Rüde 27–30 cm, Hündin 25–28 cm
Gewicht: 2,5–4 kg
Farbe: weiß

Herkunft und Verbreitung: Der Bologneser stammt wie alle Bichons von kleinen, langhaarigen Hunden rund um das Mittelmeer ab, viele Mittelmeeranrainerstaaten haben ihre „eigene" Bichon-Rasse. Bereits in sehr alten Hundebüchern werden kleine Schoßhündchen namens Bologneser beschrieben.
Wesen: Bologneser wurden seit je her als reine Gesellschaftshunde gezüchtet, die fröhlichen und anschmiegsame Gefährten sind. Doch wie alle kleinen Hunde, sind sie keine Schoßhunde. Sie brauchen regelmäßig Bewegung, eine gute Sozialisierung und Kontakt zu Artgenossen. Am wohlsten fühlen sie sich in der Nähe ihres Menschen, mit dem sie gerne viel unternehmen.
Haltung: Um das lockige Haarkleid sauber und gepflegt zu halten, ist eine regelmäßige und gründliche Fellpflege nötig. Wer davor zurückschreckt, sollte sich eher für eine kurzhaarige Rasse entscheiden. Manche Bologneser sind wählerische Fresser, achten Sie auf eine artgerechte Ernährung.

Das mag er	Das mag er nicht
liebevolle Zuwendung, Körperkontakt	nasskaltes Matschwetter, Pflegemuffel

! In der Welpenstatistik des VDH ist der Bologneser (neben dem Löwchen) die seltenste Bichon-Rasse in Deutschland.

Pflege

Ein Bologneser verfilzt schnell, wenn er nicht gewissenhaft gepflegt wird. Kürzen Sie beim Rüden die Haare rund um den Penis und auch am Bauch bei Bedarf etwas, um Verunreinigungen zu vermeiden. Halten Sie auch die Haare rund um den After kurz. Bologneser sollte nicht zu oft gebadet werden, da das feine, lockige Haar sonst eher verfilzt.

Tränenfluss

Wie fast alle weißen Zwerghunderassen hat auch der Bologneser oft mehr oder weniger deutlich sichtbare „Tränenstraßen". Diese werden durch die Tränenflüssigkeit verursacht, welche das Haar rötlich verfärbt. Natürlich haben auch farbige Hunde entsprechenden Tränenfluss – nur sieht man auf ihrem dunkleren Fell die Verfärbungen nicht so wie bei einem weißen Hund. Sollte der Tränenfluss bei Ihrem Hund sehr ausgeprägt sein, so lassen Sie vom Tierarzt abklären, ob eine Erkrankung zugrunde liegt (etwa verstopfte Tränen-Nasen-Kanäle oder eine Augenentzündung oder -verletzung). In manchen Zuchtlinien besteht eine Veranlagung zu verengten Tränen-Nasen-Kanälen, die nicht behandelbar ist. Mit regelmäßiger Pflege (etwa spezielles Reinigungsmittel) und vorsichtigem Auskämmen und Kürzen der betroffenen Haare kann man die rötlichen Spuren etwas vermindern. Auch durch Speichel verfärbt sich das Fell, reinigen Sie deshalb den Bart Ihres Bolognesers ebenfalls regelmäßig.

Herkunft

Der erste Bologneser wurde 1982 nach Westdeutschland importiert. Er stammte aus Russland, dort ist die Rasse unter der Bezeichnung Bolonka Franzuska bekannt. In der ehemaligen DDR war der Bologneser sehr beliebt und gehörte zu den häufigsten Zwerghunderassen. Die nicht FCI-anerkannte Hunderasse Bolonka Zwetna (siehe dort) geht übrigens auf Bologneser zurück, die in Russland um 1960 mit Shih Tzus, Pudeln und weiteren Zwerghunderassen gekreuzt wurden.

VDH-Mitgliedsvereine
www.kleinhunde.de

Zu wem passt der Bologneser?			
Reiselustige	☺	☺	☺
Sportliche	☺	☺	
Familien	☺	☺	
Gemütliche	☺	☺	

aufwendig	*niedrig bis mittel*	*etwa 15 Jahre*	*ja*

Bolonka Zwetna

Nicht FCI-anerkannt
Größe: 24–26 cm erwünscht
Gewicht: etwa 3–4 kg
Farbe: einfarbig in jeder Farbe außer weiß; weiße Abzeichen dürfen nicht mehr als 20% ausmachen

Herkunft und Verbreitung: Der Bolonka entstand in Russland aus Bolognesern, in die um 1960 andere Rassen wie Shih Tzu, Pudel und weitere Zwerghunderassen eingekreuzt wurden.

Wesen: Bolonkas wurden als reine Gesellschaftshunde gezüchtet. Sie sind muntere und angenehme Begleiter, die nicht zum übermäßigen Kläffen neigen. Auch wenn sie süß und niedlich sind, darf man nicht vergessen, dass sie regelmäßig Kontakt zu Artgenossen brauchen. Sie müssen nicht unbedingt besonders ausgiebig spazieren gehen und fühlen sich durchaus mit ein paar kleineren Runden am Tag wohl. Die Nähe ihres Menschen ist ihnen sehr wichtig.

Haltung: Um das dichte, gelockte oder gewellte Fell sauber, gepflegt und frei von Verfilzungen zu halten, ist eine regelmäßige und gründliche Fellpflege nötig. Dafür verliert ein gepflegter Bolonka kaum Haare im Haus. Je nach Verschmutzungsgrad wird der Bolonka gebadet. Wer davor zurückschreckt, sollte sich eher für eine kurzhaarige Rasse entscheiden.

Das mag er	Das mag er nicht
Aufmerksamkeit, Streicheleinheiten	grobe Behandlung, nicht beachtet werden

! Da die Anforderungen, die der VK (Homepage siehe unten) an seine Züchter stellt, sehr streng sind, sollten Sie Ihren Welpen von einem VK-Züchter kaufen.

Bichonartige Rasse

Als Bichons fasst man eine Gruppe recht ähnlicher Hunderassen zusammen, zu denen unter anderem der Bologneser, ein Vorfahr und naher Verwandter des Bolonka, gehört. Den Bolonka kann man als bichonartige Rasse bezeichnen.

Vielgestaltiger Bolonka

Es gibt beim Bolonka recht unterschiedliche Linien, Größe und Gewicht der ausgewachsenen Tiere können deutlich variieren.
Der Bolonka Zwetna ist (noch) nicht von der FCI als Rasse anerkannt. Seit 2011 wird die Rasse jedoch vom Verband Deutscher Kleinhundezüchter (VK) betreut. Der offizielle russische Standard fordert eine Größe von 24–26 cm und schließt weiße Hunde sowie Hunde mit einem Weißanteil über 20% aus.
Wer kleine Kinder hat oder ein eher sportlicher Typ ist, sollte sich eher für einen Hund an der oberen Größen- und Gewichtsgrenze entscheiden.

Zucht

Die Qualität der Zuchtstätten variiert stark. Suchen Sie deshalb den Züchter mit besonderer Sorgfalt aus. Lassen Sie sich schriftlich nachweisen, dass die Zuchttiere eines Züchters tierärztlich untersucht und frei von Patellaluxation sind. Fragen Sie auch nach weiteren tierärztlichen (augentierärztlichen) Untersuchungen, die relevant sind. Sehen Sie sich möglichst alle Hunde im Bestand an – ist das Erscheinungsbild einheitlich, so lässt sich ungefähr abschätzen, wie sich der Welpe entwickeln wird. Sie sollten im Zweifelsfall mehrere Züchter aufsuchen, um den Hund zu finden, der am besten zu Ihnen passt. Meiden Sie insbesondere Zuchten, die mit Mini-Bolonkas werben. Ausgewachsene Hunde mit einem Gewicht unter 2 kg sind in der Regel anfälliger für gesundheitliche Probleme.

Glücklich …

… wird ein Mensch, der seinen Hund gern um sich hat, mit einem Bolonka. Und wenn er sich dann noch gern regelmäßig um die Fellpflege kümmert, dann passt der Bolonka ideal zu ihm.

VDH-Mitgliedsvereine
www.kleinhunde.de

Zu wem passt der Bolonka?			
Reiselustige	☺	☺	☺
Sportliche	☺	☺	
Familien	☺	☺	☺
Gemütliche	☺	☺	

einfach bis mittel | mittel bis hoch | etwa 14 Jahre | eingeschränkt

Border Terrier

FCI-Standard-Nr. 10
Größe: Rüde 33–36 cm, Hündin 32–35 cm
Gewicht: Rüde 5,9–7,1 kg, Hündin 5,1–6,4 kg
Farbe: grizzle mit tan (graumeliert mit lohfarbenen Abzeichen), rot, weizenfarben, blau mit lohfarbenen Abzeichen

Herkunft und Verbreitung: Großbritannien. Der Border Terrier treibt bei der Fuchsjagd den Fuchs aus seinem Versteck. In Deutschland ist er ein zunehmend beliebter Familienhund.
Wesen: Der Border Terrier ist ein typischer Terrier und kann ein beachtliches Temperament an den Tag legen, er hat jedoch ein ruhigeres Wesen als manch anderer Terrier. Wegen seines oft ausgeprägten Jagdtriebes kann er außerdem zum Streunen und Wildern neigen. Deshalb ist eine sorgfältige Erziehung zum Grundgehorsam wichtig. Ein Stubenhocker sollte man als Besitzer nicht sein. Border Terrier sind menschenfreundliche und gesellige Hunde, die sich meist gut mit Artgenossen verstehen. Informieren Sie sich vor der Anschaffung sorgfältig und besuchen Sie am besten einige Border Terrier in ihrem Umfeld, um sicherzugehen, dass die Rasse zu ihnen passt.
Haltung: Der Border Terrier ist als unverzüchteter Naturbursche in handlichem Format, unkompliziert in Haltung und Pflege. Vereinzelt treten Krampfanfälle auf.

Das mag er	Das mag er nicht
Wasser, draußen unterwegs sein, Fressen	Langeweile

! Border Terrier sind gute Futterverwerter und außerdem keine Kostverächter – kontrollieren Sie also regelmäßig das Gewicht Ihres Borders!

Intelligente Beschäftigung

Ausgeglichenheit, Naturliebe und die Bereitschaft, den Hund zu beschäftigen (mit einer „intelligenten“ Tätigkeit) sind die idealen Voraussetzungen für die Haltung eines Border Terriers. Finden Sie heraus, mit welcher Beschäftigung Ihr Border Terrier am besten zu motivieren ist, und gestalten Sie die Übungen vielseitig und abwechslungsreich. Mögliche Hundesportarten sind etwa Agility, Fährtenarbeit, Suchspiele, Obedience etc.

Starke Persönlichkeit

Border Terrier sind Temperamentsbolzen und brauchen Besitzer, die einerseits nicht alles durchgehen lassen oder ihn gar verzärteln, auf der anderen Seite aber auch nicht ständig mit ihm in einen Machtkampf treten. Er lässt sich nicht gerne dominieren – weder von Menschen noch von anderen Hunden. Mit Kindern spielt er in der Regel begeistert – die Kinder müssen allerdings wissen, wo ihre Grenzen sind. Eine erwachsene Begleitperson sollte (wie bei allen Hunden) stets dabei sein.

! Jährlich werden innerhalb des VDH um die 400 Welpen eingetragen, die Tendenz ist eher steigend.

Pflege

Border Terrier haben ein doppeltes Haarkleid mit drahtigem Deckhaar und schützender Unterwolle. Zweimal jährlich sollte der Border getrimmt werden, dies kann man entweder selbst erlernen oder den Hund zum Züchter bringen. In den Hundesalon sollte man den Border nur bringen, wenn dort nachweislich Erfahrungen mit der Rasse vorliegen (am besten lassen Sie sich von Ihrem Züchter oder dem Rasseklub einen Salon empfehlen). Regelmäßiges Bürsten und Kämmen entfernt die lose Unterwolle und fördert die Durchblutung.

VDH-Mitgliedsvereine
www.kft-online.de

Zu wem passt der Border Terrier?			
Reiselustige	☺	☺	
Sportliche	☺	☺	☺
Familien	☺	☺	☺
Gemütliche	☺		

einfach | mittel | 12–14 Jahre | gut

Boston Terrier

FCI-Standard-Nr. 140
Gewicht: 3 Klassen: unter 6,8 kg; 6,8–unter 9 kg; 9–max. 11,3 kg
Farbe: gestromt, schwarz oder seal (rötlich schwarz) mit weißen Abzeichen

Herkunft und Verbreitung: Der Boston Terrier ist kein Terrier, sondern gehört zu den doggenartigen Hunden. Er wurde in den USA vor rund 140 Jahren aus der Englischen Bulldogge und dem Weißen Englischen Terrier gezüchtet. Er wurde und wird vor allem als Begleithund gehalten.
Wesen: Bostons sind ausgeglichene, freundliche und selbstbewusste Hunde. Sie sind gelehrig und wachsam, dabei keine Kläffer. Schoßhunde sind sie nicht, sondern eher kleine Kraftpakete – ein wenig erinnern sie an Boxer im Kleinformat. Der Boston Terrier ist ein sehr liebenswürdiger Hund, der auch auf Fremde freundlich zugeht. Die Rasse passt sich gut an verschiedene Umstände an, sie eignet sich sowohl für rüstige ältere Menschen als auch für Familien. In der Regel verstehen Bostons sich gut mit Kindern, sind verspielt und sensibel zugleich. Sie eignen sich auch für hundesportliche Aktivitäten wie Agility oder Obedience.
Haltung: Wie bei allen kurzköpfigen Rassen sollte man bei der Auswahl auf gut geöffnete Nasenlöcher und einen nicht zu kurzen Nasenrücken achten. Vereinzelt tritt auch Patellaluxation auf.

Das mag er	Das mag er nicht
freundliche Menschen, fröhliche Spiele	unsensible Behandlung, extreme Hitze und extreme Kälte

In den letzten Jahren stieg die Beliebtheit der früher sehr seltenen Rasse in Deutschland stark an. Heute werden innerhalb des VDH jährlich etwa 250 Welpen gezüchtet.

Sozialverhalten

Gehen Sie mit Ihrem Boston Terrier-Welpen möglichst zu einer guten Welpenschule, damit er von Anfang an auch auf andere Hunde sozialisiert wird. Lassen Sie Ihren Welpen und Junghund so viele positive Erfahrungen wie möglich mit anderen Hunden machen; achten Sie aber darauf, dass der Welpe nicht von zu ungestümen großen Hunden umgerempelt oder gar attackiert wird.
Boston Terrier vertragen sich in der Regel auch sehr gut mit anderen Haustieren, sie haben keinen ausgeprägten Jagdtrieb und sind nicht raubzeugscharf (siehe Glossar).

Sommerhitze

Boston Terrier sind wie alle kurzköpfigen Rassen hitzeempfindlich. Im Hochsommer sollten Sie bei Temperaturen über 28°C die täglichen Spaziergänge auf den frühen Morgen und nach Sonnenuntergang verlegen. Lassen Sie Ihren Hund außerdem nie alleine im Auto zurück, innerhalb kurzer Zeit kann sich ein Wagen unter Sonneneinstrahlung in einen Brutkasten verwandeln.

Boston Terrier sind keine Kläffer – es gibt Besitzer, die ihren Boston noch nie bellen gehört haben!

Blähungen

Wie andere Rassen vom Bulldog-Typ können auch Boston Terrier zu Blähungen neigen. Wird ausschließlich Trockenfutter (vor allem minderwertige Produkte) gefüttert, kann dies Blähungen verstärken. Viele Hunde sprechen gut auf Rohfütterung (BARF, siehe Glossar) an. Vermeiden Sie abrupte Futterumstellungen und geben Sie dem Welpen am besten in der ersten Zeit sein vom Züchter gewohntes Futter weiter.

VDH-Mitgliedsvereine

www.kft-online.de
www.boston-terrier.de

Das sollten Sie wissen

Manche Boston Terrier erkranken an juvenilem Katarakt (siehe Glossar), mittlerweile steht ein Gentest für diese Krankheit zur Verfügung (fragen Sie beim Kauf, ob die Elterntiere entsprechend getestet sind).

Zu wem passt der Boston Terrier?			
Reiselustige	☺	☺	
Sportliche	☺	☺	
Familien	☺	☺	☺
Gemütliche	☺	☺	

einfach bis mittel | hoch | etwa 15 Jahre | bedingt

Cairn Terrier

FCI-Standard-Nr. 4
Größe: 28–31 cm
Gewicht: 6–7,5 kg
Farbe creme, weizenfarben, rot, grau; mit oder ohne Stromung

Herkunft und Verbreitung: Der Cairn geht auf schottische Terrier zurück, die zur Jagd auf Raubzeug (Fuchs, Marder, Ratten etc.) eingesetzt wurden. Er ist verwandt mit dem Westie, mit etwa 700 Welpen/Jahr in Deutschland aber (noch) nicht ganz so populär wie dieser.

Wesen: Er ist kein Hund, mit dem man auffällt, und gerade das macht ihn eigentlich so sympathisch. Auch sein Wesen entspricht eher dem gesunden Mittelmaß: Er hat eine gehörige Portion Temperament, doch fehlt ihm das manchmal etwas hysterische Wesen manch anderer Terrier. Generell ist er sehr bewegungsfreudig und nimmt begeistert an allen Aktivitäten teil. Eine konsequente Grunderziehung ist wichtig: Ein „antiautoritär" gehaltener Cairn kann durchaus versuchen, an die Spitze der Rangordnung zu gelangen. Mit der richtigen Erziehung und Auslastung ist er der kernige Männerhund, der zärtliche Frauenhund und der verspielte Kinderhund in einem.

Haltung: Sie sollten darauf achten, dass Ihr Cairn ein hochwertiges und nicht zu eiweißreiches Futter bekommt und nicht dick wird.

Das mag er	Das mag er nicht
Fressen, Suchspiele, Löcher buddeln	Stubenhocker, unklare Führungsverhältnisse

Der Carin Terrier ist der farbige und „verstrubbelte" Bruder des West Highland White Terriers. Eigentlich geht der Westie auf den Cairn zurück, die aufgehellte Variante.

Pflege

Cairn Terrier haben ein doppeltes Haarkleid mit harschem Deckhaar und schützender Unterwolle. Das Fell ist insgesamt nicht sehr pflegeintensiv, sofern man ihn etwa alle 4 Monate von einem Fachmann trimmen lässt bzw. dies nach entsprechender Anleitung selber tut. Keinesfalls sollte man ihn einfach scheren lassen, Hautprobleme können die Folge sein. Regelmäßiges Bürsten und Kämmen entfernt die lose Unterwolle und fördert die Durchblutung.

Wie die meisten Terrier-Rassen eignet sich ein Cairn Terrier nicht für antiautoritäre Erziehung. Der Besitzer sollte selbstbewusst und konsequent sein, dabei nicht aufbrausend oder gar ungerecht. Die meisten Terrier haben feine Antennen für natürliche Führungspersönlichkeiten, die sie in der Regel auch anerkennen. Es gilt, das richtige Mittelmaß zu finden und weder ins eine Extrem (Unterdrückung) noch ins andere Extrem (Verzärteln) zu fallen. Mit der richtigen Anleitung, Erziehung und Förderung kann ein Terrier erst sein ganzes Potential entfalten.

Beschäftigung

Cairn Terrier sind intelligent und recht eigenwillig – deshalb eignen sich „eintönige" Beschäftigungen nicht so gut für sie. Viel Spaß haben Cairns meist an Such- und Versteckspielen, bei denen sie entweder ihr Spielzeug, Leckerlis oder ein Familienmitglied aufstöbern müssen. Solche Spiele kann man immer wieder variieren sowie drinnen und draußen spielen.

VDH-Mitgliedsvereine
www.kft-online.de

Das sollten Sie wissen
Vereinzelt treten beim Cairn Terrier erbliche Augenerkrankungen auf (Linsenluxation, Katarakt, Pigmentglaukom (siehe Glossar). Bei Verdacht auf Augenprobleme sollte am besten ein auf Augenkrankheiten spezialisierter Tierarzt konsultiert werden.

Zu wem passt der Cairn Terrier?			
Reiselustige	☺	(☺)	
Sportliche	☺	☺	☺
Familien	☺	☺	☺
Gemütliche	☺	☺	

einfach | mittel | etwa 12 Jahre | gut

Cavalier King Charles Spaniel

FCI-Standard-Nr. 136
Größe: etwa 30–33 cm
Gewicht: 5,5–ca. 8 kg
Farbe: rot-weiß (Blenheim), tricolor, rot (Ruby), black-and-tan

Herkunft und Verbreitung: In England wird der Cavalier seit Jahrhunderten als Gesellschaftshund gehalten, heute ist er weltweit verbreitet.
Wesen: Der Cavalier ist freundlich und sanft, in der Regel ohne jede Streitlust. Dieser Hund lässt sich mit recht geringem Aufwand erziehen, da er sehr empfänglich für Lob und empfindlich für Stimmungen ist. Der fröhliche und zärtliche Cavalier eignet sich auch gut für ältere Menschen, denn sein Bewegungshunger hält sich in Grenzen, und im Notfall lässt er sich auch gut einmal tragen. Seit vielen Generationen ausschließlich als Begleithund gehalten, ist sein Jagdtrieb weniger stark ausgeprägt als bei anderen Spanielrassen. Seine überschwängliche Freundlichkeit sollte man zu schätzen wissen: Für Grobheiten und unwirsche Behandlung ist dieser nette kleine Kerl wirklich zu schade; und die stete Aufmerksamkeit, die er fordert, sollte man ihm gerne widmen.
Haltung: Einige Hunde leiden an Herzklappeninsuffizienz, ab und zu treten Störungen des Nervensystems auf (Syringomyelie, siehe Glossar). Die VDH-Zuchtclubs sind engagiert in der Bekämpfung dieser Krankheiten, mit betroffenen Hunden darf nicht gezüchtet werden. Kaufen Sie aus diesem Grund einen Welpen nur beim VDH-Züchter!

Das mag er	Das mag er nicht
Streicheleinheiten, Leckerchen, Suchspiele	grobe Behandlung, Nichtbeachtung

Anpassungsfähiger Cavalier
Er lässt sich, je nach sportlicher Motivation seines Besitzers, für vielfältige Aktivitäten (etwa Agility, Dogdancing, Obedience) begeistern. Da der Cavalier von Stöberhunden abstammt, lässt er sich auch in der Regel sehr gut mit kleinen Such- und Versteckspielen beschäftigen. Der Vorteil ist, dass man diese sehr gut sowohl im Freien als auch zu Hause ausüben kann. Ein Cavalier begleitet seine Menschen gerne auf Wanderungen, gibt sich aber auch mit kürzeren Runden zufrieden. Wichtig ist, dass er dabei sein darf und beachtet wird.

Der Kavalier unter den Hunden
Der Cavalier macht seinem Namen alle Ehre. In England wurde diese Rasse auch „comforter spaniel" genannt („to comfort" heißt trösten). Nicht umsonst wird er gerne als Therapie- und als Behindertenbegleithund genutzt. Sie können Ihren Cavalier auch als Besuchshund einsetzen: In speziellen Kursen lernen Besitzer und Hund, was es dabei zu wissen gilt. Besuchshunde gehen mit ihren Besitzern etwa in Kliniken, Alters- und Pflegeheime und bringen einfach durch ihre Anwesenheit etwas Freude und im besten Fall auch Lebensmut zu den Patienten. Mehr Infos zu Besuchshunden finden Sie unter www.thmev.de

! Cavaliere sind sehr gute Futterverwerter und fressen gerne: Achten Sie strikt auf seine schlanke Linie!

! In Deutschland werden innerhalb des VDH knapp unter 1000 Welpen/Jahr in allen vier Farbschlägen gezüchtet.

Pflege
Der Cavalier sollte regelmäßig gekämmt und gebürstet werden. Kontrollieren Sie täglich die Rückseite der Hängeohren.

VDH-Mitgliedsvereine
www.kleinhunde.de
www.ccd-cavaliere.de
www.cavaliere-vom-icc.de

Das sollten Sie wissen
Einige Cavaliere erkranken im Laufe ihres Lebens an einer Herzklappeninsuffizienz. Kaufen Sie nur einen Welpen, wenn die Elterntiere beide innerhalb des letzten Jahres entsprechend untersucht und als gesund eingestuft worden sind.

Zu wem passt der Cavalier?			
Reiselustige	☺	☺	
Sportliche	☺	☺	
Familien	☺	☺	☺
Gemütliche	☺	☺	

einfach | mittel | etwa 15 Jahre | eingeschränkt

Chihuahua

FCI-Standard-Nr. 218
Größe: etwa 18–23 cm
Gewicht: 1,5–3 kg
Farbe: alle Farben

Herkunft und Verbreitung: In Mexiko sind Zwerghunde seit Jahrhunderten bekannt. Es gibt Kurz- und Langhaar-Chihuahuas.
Wesen: Der Chihuahua ist ein temperamentvoller, sensibler und anhänglicher Hund. Leider wird er nicht selten als „lebende Puppe" oder Modeaccessoire angeschafft. Er eignet sich am besten für Menschen, die einfühlsam sind, ihn aber nicht übermäßig behüten. Er ist sehr intelligent, lernfreudig und sollte sich mindestens zwei Stunden täglich an der frischen Luft bewegen können. Natürlich muss man auf seine Größe Rücksicht nehmen (Tobespiele mit ungestümen großen Hunden, Fahrradtouren etc. sind für ihn nicht ungefährlich). Grundgehorsam und eine gute Sozialisierung ist auch für den Chi wichtig, um weder einen überängstlichen noch größenwahnsinnigen Hund heranzuziehen. Sind Kinder in der Familie, so muss auch ihnen klar gemacht werden, dass der Rückzugsort und der Futterplatz des Hundes tabu für Menschen sind. Leider verleitet seine Kleinheit oft dazu, ihn eher wie ein Spielzeug als wie einen richtigen Hund zu behandeln. Chihuahuas lassen sich gut zu zweit oder im Rudel halten.
Haltung: Achten Sie beim Kauf auf einen Züchter, der nicht mit extrem verzwergten Hunden züchtet und wirbt (Mindestgewicht für die Zucht: 2 kg). Extremzwerge haben häufig gesundheitliche Probleme, zu junge und zu kleine Welpen bekommen schnell Unterzuckerungen. **Foto:** Kurzhaar-Variante

Das mag er	Das mag er nicht
wie ein richtiger Hund behandelt werden	wie eine Puppe behandelt werden, zu grobe Behandlung

! Auch ein Chihuahua kann und soll Stubenreinheit erlernen. Das Katzenklo als Hundetoilette ist nicht artgerecht.

Outdoor- und Indooraktivitäten

Outdoor: Besuchen Sie bereits mit dem Welpen Welpenspielstunden speziell für kleinrassige Hunde oder Sozialisierungsstunden ohne Tobespiel. Knüpfen Sie Kontakte zu anderen Zwerghundebesitzern und verabreden sich in der Natur, damit die Hunde nach Herzenslust stöbern, rennen und spielen können. Vorsicht ist geboten beim Spielen mit fremden großen Hunden. Selbst der gutmütigste Tollpatsch kann einen Chihuahua aus Versehen im Spiel verletzen – auch kann der Hetztrieb bei einer (zuerst spielerischen) Verfolgungsjagd geweckt werden.
Viele Hundesportarten eignen sich auch für den Chihuahua, wenn man sich auf seine Größe einstellt: Mini-Agility, Fährtensuche, Dogdancing und natürlich das Erlernen von Kunststückchen jeglicher Art.
Indoor: Sehr gut geeignet sind etwa Suchspiele: Verstecken Sie sein Lieblingsspielzeug oder kleine Leckerbissen – etwa in einer Schachtel voller Laub oder zerknülltem Zeitungspapier. Verbinden Sie die Suche mit kleinen Gehorsamsübungen: Lassen Sie den Hund Sitz und Bleib machen, die Suche startet erst auf Ihr Kommando. Oder bauen Sie einen Hindernisparcours im Gang auf: Zwei Stühle mit einer Decke darüber bilden einen Tunnel, eine Schuhschachtel ist eine Hürde, aus Plastikflaschen kann man einen Slalom bauen. Achten Sie darauf, dass der Hund sich auch zuhause beim Spielen und Toben nicht verletzen kann.

Wind und Wetter

Grundsätzlich braucht der Chihuahua täglich Bewegung an der frischen Luft – bei jedem Wetter. Lassen Sie Ihren Kurzhaar-Chi ruhig ohne Mäntelchen im Schnee toben.

VDH-Mitgliedsvereine

www.kleinhunde.de
www.chihuahuaklubdeutschland.de
www.chihuahua-club.info

Das sollten Sie wissen

Wie alle Zwergrassen neigt der Chihuahua zu Zahnstein und Zahnausfall, Patellaluxation und Trachealkollaps können auftreten. Die offene Fontanelle wird heute nicht mehr als Rassemerkmal gefordert. Alle Medikamente (auch Parasitenmittel wie Floh- und Wurmkuren) müssen genau berechnet werden, um Vergiftungen zu vermeiden.

Zu wem passt der Chihuahua?			
Reiselustige	☺	☺	☺
Sportliche	☺		
Familien	☺	☺	
Gemütliche	☺	☺	☺

einfach bis mittel | mittel | 10–14 Jahre | gut

Chinese Crested Dog (Chinesischer Schopfhund)

FCI-Standard-Nr. 288
Größe: Rüde 28–33 cm, Hündin 23–30
Gewicht: max. 5,5 kg
Farbe: alle Farben zugelassen

Herkunft und Verbreitung: Haarlose Hunde sind schon seit Jahrhunderten aus verschiedenen Kulturen und Regionen bekannt (Afrika, Südamerika, Asien). Man vermutet, dass der Chinese Crested (CC) auf afrikanische Nackthunde zurückgeht. Im 19. Jahrhundert wurden die ersten Exemplare nach England gebracht.
Wesen: CCs sind intelligente, fröhliche und verspielte Hunde, die sehr an ihren Bezugspersonen hängen, Fremden gegenüber aber eher unnahbar sind. Man sagt, die behaarte Variante ist nicht ganz so quirlig wie die haarlose.
Haltung: Es gibt eine (bekanntere) haarlose und eine seltenere behaarte Variante (Powder Puff), die am ganzen Körper langes seidiges Haar hat. Die Haarlosen benötigen ab und zu ein Bad, anschließend werden sie – je nach Hauttyp – mit einer milden Feuchtigkeitslotion oder Aloe Vera eingerieben. Nackthunde haben genetisch bedingt weniger Zähne als behaarte Hunde. CCs sind nicht zerbrechlicher oder empfindlicher als andere Rassen, im Winter müssen sie bei sehr niedrigen Temperaturen oder nasskaltem Wetter mit einem Mäntelchen geschützt werden. Besonders kleine Exemplare können wie alle Zwerghunde unter Patellaluxation leiden.

Das mag er	Das mag er nicht
wie ein richtiger Hund behandelt werden, Wärme	nasskaltes Wetter, Langeweile

! In Deutschland werden innerhalb des VDH jährlich etwa 150 Welpen eingetragen.

Pflege

Je nach Hauttyp neigen manche CCs zu Hautunreinheiten. Es gibt viele verschiedene Pflegetipps gegen unreine, talgige Haut – letztendlich ist unreine Haut (wie beim Menschen) zum großen Teil Veranlagung. Achten Sie deshalb beim Kauf auf den Hautzustand der Elterntiere. Auch die Ernährung spielt eine Rolle. Während der „Pubertät“ kann es zu einer vorübergehenden Hautempfindlichkeit kommen. Benutzen Sie nur gut verträgliche Reinigungs- und Pflegeprodukte, lassen Sie sich am besten vom Züchter beraten.

Beschäftigung

Der CC ist ein agiler und intelligenter Hund, der vor allem psychisch beschäftigt werden möchte. Dafür eignen sich Hundesportarten wie Mini-Agility, Obedience, Dogdancing und Ähnliches. Zu Hause und unterwegs beim Spaziergang kann man ihn auch mit kleinen Suchspielen beschäftigen, die er (wie fast alle Hunde) liebt. Etwas Vorsicht ist geboten bei zu wilden Spielen mit anderen Hunden und unterwegs in verwilderter Natur, da er sich leichter als andere Hunde die Haut etwas verletzen kann. Dennoch ist der CC ein „ganzer Hund“ und sollte keineswegs überbehütet werden.

Jahreszeiten

Sommer: Je nach Pigmentierung muss der CC gegen die UV-Strahlen geschützt werden. Rosafarbene Haut ist empfindlicher als dunkler pigmentierte Haut. Braune Haut wird übrigens durch die Sonne dunkler – die Pigmente bilden so einen natürlichen Sonnenschutz – wie beim Menschen.

Winter: Bei extrem nasskaltem Wetter können Sie Ihren CC mit einem Mäntelchen schützen.

VDH-Mitgliedsvereine
www.c-e-r.de

? Die Körpertemperatur von Nackthunden liegt nicht höher als die anderer Hunde, wie manchmal zu lesen ist. Dieser Irrtum rührt daher, dass die Haut sich wärmer anfühlt als ein Fell (da dieses etwas isoliert).

Zu wem passt der Schopfhund?			
Reiselustige	☺	☺	☺
Sportliche	☺	☺	
Familien	☺	☺	☺
Gemütliche	☺	☺	☺

aufwendig | mittel | etwa 14 Jahre | gut

Coton de Tuléar

FCI-Standard-Nr. 283
Größe: Rüde 26–26 cm,
Hündin 23–25 cm, jeweils +2cm/-1cm
Gewicht: Rüde 4–6 kg,
Hündin 3,5–5 kg
Farbe: weiß, mit oder ohne farbige Abzeichen an den Ohren

Herkunft und Verbreitung: Der bichonartige Hund stammt aus Madagaskar. In Deutschland wird er in den letzten Jahren immer beliebter.
Wesen: Der Coton ist ein munterer kleiner Naturbursche, der allerdings, bedingt durch seine geringe Größe und seine fehlende Unterwolle, etwas behütet werden muss. Er liebt seine Bezugspersonen über alles und sucht stets den Kontakt zu ihnen. Menschliche Zuwendung genießt er und gibt sie zärtlich zurück. Wie bei allen Kleinhunden sollte man ihn nicht unbedingt ins Haus holen, wenn man Krabbel- oder Kleinkinder hat, schnell ist der zarte Welpe überfordert. Grundsätzlich gilt: Je sportlicher man ist bzw. je kleiner die Kinder sind, desto robuster sollte der Coton sein; man wähle also einen Welpen, dessen Eltern gewichts- und größenmäßig an der Obergrenze liegen.
Haltung: Der Coton ist der ideale Begleiter für ältere Hundefreunde, sofern diese bereit sind, sich um die Pflege des feinen Felles zu kümmern, das andernfalls zum Verfilzen neigt. Er lässt sich leicht auf dem Arm oder in einer Tasche transportieren und benötigt nur ein Minimum an Platz. Wie bei allen Kleinhunden kann Patellaluxation (siehe Glossar) und Zahnstein auftreten.

Das mag er	Das mag er nicht
Familienanschluss, Bewegung an der frischen Luft	verfilztes Fell, nasskaltes Wetter

! Cotons brauchen nur selten ein Bad. Ist der Hund verschmutzt, reicht meist schon ein tüchtiges Abrubbeln mit einem Handtuch.

Beschäftigung

Als Welpe und Junghund sollte er nicht überfordert werden, der erwachsene Coton kann dann aber, nach entsprechendem Training, problemlos bei allen Familien-Aktivitäten mithalten: auf Wanderungen (notfalls kann er auch mal in einem hundegerechten Rucksack getragen werden) und beim Jogging; natürlich kann er auch in Mini-Agility, Obedience oder ähnlichen Hundesportarten geführt werden. Cotons sind unternehmungslustige kleine Burschen, die sich recht gut an den Aktivitätslevel ihrer Besitzer anpassen können (Extreme natürlich ausgeschlossen; die Rasse eignet sich weder für stundenlange Gewaltmärsche durch Tiefschnee noch für Survivaltrips im australischen Outback).

Schoßhund?

Wie alle kleinen Hunde verführt auch der Coton etwas dazu, ihn übermäßig zu behüten. Natürlich muss man auf seine Größe Rücksicht nehmen und darauf achten, dass er nicht stundenlang mit durchnässtem Fell in der Kälte sitzt. Dennoch liebt auch er es, durch die Natur zu springen, zu schnüffeln und mit anderen Hunden zu spielen.

Pflege

Das Fell des Coton soll von baumwollartiger Struktur sein, also weich und geschmeidig und nie hart oder rau. Das Haar ist außerdem dicht und reichlich vorhanden, was eine gewissenhafte und regelmäßige Pflege erfordert. Tägliches Kämmen und Bürsten sind ein Muss, um Verfilzungen, Parasiten und Haut- oder Ohrenentzündungen rechtzeitig zu erkennen. Das Fell sollte allenfalls etwas gekürzt, jedoch nicht bis auf die Haut geschoren werden, da es im Winter vor Kälte und im Sommer vor Hitze schützt.

VDH-Mitgliedsvereine

www.coton-online.de
www.coton1.de

Das sollten Sie wissen

Ein Coton ist ein richtiger Hund und muss artgerecht ernährt werden. Dazu gehören auch regelmäßig Kauknochen (seiner Größe angepasst). Ausschließliche Ernährung mit Dosenfutter ist ungesund und begünstigt die Zahnsteinbildung.

Zu wem passt der Coton?			
Reiselustige	☺	☺	☺
Sportliche	☺	☺	
Familien	☺	☺	
Gemütliche	☺	☺	

einfach bis mittel | mittel | 12–15 Jahre | eingeschränkt

Dachshund (Dackel, Teckel)

FCI-Standard-Nr. 148
Größe: 3 Größenschläge:
Normalschlag: über 35 cm Brustumfang;
Zwergteckel: bis 35 cm Brustumfang;
Kaninchenteckel: bis 30 cm Brustumfang
Gewicht: Normalschlag nicht mehr als 9 kg
Farbe: schwarz oder braun mit gelbroten Abzeichen, rot, merle, gestromt; Rauhaardackel auch saufarben (graubraun meliert) und dürrlaubfarben (gelblich)

Herkunft und Verbreitung: Gezüchtet wurde diese urdeutsche Rasse als Erdhund, der Wildtiere (Dachs, Fuchs) in ihrem Bau stellen und herausjagen soll.
Wesen: Unter den Dackeln gibt es ganz unterschiedliche Individuen. Mancher Dackel ist eher phlegmatisch, ein anderer wieder kann keine 10 Minuten stillsitzen. Unterhalten Sie sich ausführlich mit dem Züchter. Er kennt seine Hunde und ihr Temperament und wird Ihnen dabei helfen, den für Sie und Ihre Familie passenden Welpen auszusuchen. Dackel wurden (und werden) als Jagdhunde gezüchtet. Soll Ihr Dackel ein reiner Familienhund sein, so wählen Sie einen Welpen aus einer reinen Standardzucht – und selbst dieser kann noch einen ausgeprägten Jagdtrieb haben.
Haltung: Im Pflegeaufwand unterscheiden sich die drei verschiedenen Haartypen etwas: Am wenigsten Pflege benötigt natürlich das Kurzhaar, etwas mehr Bürsten sollte es beim Langhaar sein, und der Rauhaardackel sollte regelmäßig getrimmt werden, um gepflegt auszusehen und Haut und Haar gesund zu erhalten. **Foto:** Rauhaar-Teckel

Das mag er	Das mag er nicht
Löcher buddeln, klare Verhältnisse	Inkonsequenz, Übergewicht

Der Dackel steht in der Beliebtheitsskala schon seit Jahrzehnten ganz oben, er ist kein Modehund, sondern hat eine treue Fangemeinde.

Charakterhund

Trotz seiner Beliebtheit ist dieser selbstbewusste Hund nur eingeschränkt als Anfängerhund zu empfehlen: Die Erziehung eines Dackels erfordert sehr viel Konsequenz und auch Hundeverstand. Es kam schon vor, dass ein Dackel, der sich zum Familienoberhaupt aufgeschwungen hatte, seine Besitzer teils erheblich verletzt hat, denn sein Gebiss ist dem eines mittelgroßen Hundes gleichzusetzen.
So herzig und schelmisch ein Dackel auch aussehen und schauen mag, so groß kann sein Bestreben sein, seinen Willen durchzusetzen und jede Nachgiebigkeit oder Unsicherheit seines Besitzers auszunutzen.

Varietäten

Wenn man den Kurzhaardackel als „Urdackel" betrachtet, so entstand der Langhaarschlag durch Einkreuzung von langhaarigen Stöberhunden, die seinen Charakter etwas sanfter werden ließen; und der Rauhaardackel durch Einkreuzung von Terriern, die ihm etwas mehr Schneid mitgaben.

VDH-Mitgliedsvereine

www.dachshundklub.de
www.dtk1888.de

Notvermittlung von Dackeln:
www.teckelhilfe.de

Das sollten Sie wissen

Dackel sind gesunde und langlebige Hunde, wenn sie nicht gerade zu Bandscheibenvorfällen (Dackellähme) und Herzklappeninsuffizienz (bes. Rauhaardackel) neigen. Sie sind gute Futterverwerter mit meist gesundem Appetit. Mehr noch als bei den meisten anderen Hunderassen bedeutet Übergewicht beim Dackel eine Einschränkung der Lebensqualität und Bedrohung der Gesundheit!

Der Dackel ist nach wie vor ein beliebter und häufig eingesetzter Jagdgebrauchshund.
Mehr über den Einsatz des Dackels als Jagdhund erfahren Sie hier:
www.jagdteckel.de

Zu wem passt der Dachshund?			
Reiselustige	☺	☺	
Sportliche	☺	☺	
Familien	☺	☺	
Gemütliche	☺	☺	

mittel | hoch | etwa 13 Jahre | gut

English Cocker Spaniel

FCI-Standard-Nr. 5
Größe: Rüde 39–41 cm,
Hündin 38–39 cm
Gewicht: 12,5–14,5 kg
Farbe: verschiedene; bei Einfarbigen kein Weiß erlaubt außer an der Brust

Herkunft und Verbreitung: Der Cocker wurde in England als Stöberhund auf Waldschnepfen (engl. Woodcock) gezüchtet. In den 1970er Jahren trat der Cocker einen wahren Siegeszug als Familienhund an. Längst zählt er nicht mehr zu den Moderassen, hat sich aber als beliebter Begleithund etabliert.

Wesen: Wegen seiner Schönheit und seines freundlichen, liebevollen Wesens gilt der Cocker als eine der beliebtesten Rassen weltweit. Manche Cocker haben recht viel Temperament, ein Hund für Stubenhocker und gemütliche Menschen ist er nicht unbedingt. Die Erziehung verlangt liebevolle Konsequenz, denn Cocker sind sehr intelligent und feinfühlig – ähnlich wie Kinder wissen sie Nachgiebigkeit schnell auszunutzen.

Haltung: Im Sommer können Spelzen in die Gehörgänge und den Zwischenzehenbereich eindringen und schmerzhafte Entzündungen hervorrufen. Suchen Sie nach dem Spaziergang Pfoten und Ohren auf Fremdkörper ab.

Cocker fressen für ihr Leben gerne und sind gute Futterverwerter; achten Sie auf seine Figur, um gesundheitlichen Problemen vorzubeugen.

Das mag er	Das mag er nicht
Stöbern, spannende Spaziergänge, Fressen	grobe Behandlung, Langeweile

? Cocker sollten nur bei dringender medizinischer Indikation kastriert werden. Durch den Eingriff entwickeln sie teilweise ein wolliges Welpenfell.

Kupierverbot

Jahrelang kannte man den Cocker nur mit kupierter Rute. Seit dem Kupierverbot 1998 behält er seine mittellange, gut befederte und meist fröhlich wedelnde Rute. Jagdgebrauchshunde werden teilweise noch kupiert, damit sie sich im dichten und dornigen Gebüsch nicht verletzen.

Pflege

Die Fellpflege ist ein wichtiger Punkt und darf nicht vernachlässigt werden. Die meisten modernen Cocker haben ein üppiges Fell, das regelmäßig gekämmt und gebürstet werden muss. Bei Bedarf kann es am Bauch und an den Läufen etwas gekürzt werden. Die feine Unterwolle muss bei vielen Hunden etwa 3-/4-mal im Jahr fachgerecht getrimmt werden. Eine Komplettschur ist nicht rassegerecht!

Quirliger Cocker

Um den temperamentvollen und unternehmungslustigen Cocker auszulasten, eignen sich viele Hundesportarten. Agility, Flyball, Dogdancing, Obedience sowie Fährtenarbeit sind nur ein paar Beispiele. Wichtig ist vor allem, dass Hund und Herr etwas gemeinsam unternehmen. Das stärkt die Bindung und sorgt für physische und psychische Auslastung. Wichtig sind regelmäßige Ruhepausen, um den Hund nicht zu überdrehen.

Jagdgebrauchshund

Auch als Jagdgebrauchshund ist der Cocker nach wie vor im Einsatz. Seine hervorragende Nase, sein Spurwillen sowie seine Apportierfreude und sein Spurlaut machen ihn in Verbindung mit seiner handlichen Größe und seinem freundlichen Wesen zu einem beliebten Jagdhund. Cocker aus rein jagdlicher Zucht haben einen stark ausgeprägten Jagdtrieb und werden in der Regel nur in Jägerhand abgegeben. Als ursprünglicher Jagdhund kann übrigens auch ein „Familiencocker" einen ausgeprägten Jagdtrieb haben, der sich durch entsprechende Erziehung aber in der Regel gut kontrollieren läßt. Informationen über den Cocker als Jagdhund bekommen Sie hier:
www.jagdgebrauchsspaniel.de
www.jagdspaniel-klub.de

VDH-Mitgliedsvereine

www.jagdspaniel-klub.de
www.cockerclub-deutschland.de
www.spanielclub-deutschland.de

Zu wem passt der Cocker?			
Reiselustige	☺		
Sportliche	☺	☺	☺
Familien	☺	☺	☺
Gemütliche	☺		

English Toy Terrier

FCI-Standard-Nr. 13
Größe: 25–30 cm
Gewicht: 2,7–3,6 kg
Farbe: black and tan

Herkunft und Verbreitung: Der Englisch Toy Terrier geht auf den Manchester Terrier zurück. Dieser zur Rattenjagd gezüchtete Terrier wurde früher in verschiedene Gewichtsklassen eingeteilt, aus der Miniaturform entstand der heutige English Toy Terrier. Wie sein größerer Bruder vereint auch er Terrier- und Windhundblut.
Wesen: Er hat eine ganze Portion Terrier-Temperament, ist aufgeweckt, lebhaft, mutig und wachsam. Seine Erziehung muss konsequent und gerecht sein, bei zu nachgiebiger Führung oder aber bei unangemessener Härte kann er seine guten Eigenschaften nicht voll entfalten. Er kann blitzschnell sein – auch wenn es darum geht, einem kleinen, rattenähnlichen Tier nachzusetzen. Dies gilt es auch zu berücksichtigen, wenn man Hamster, Meerschweinchen oder ähnliche Kleintiere hält. Der English Toy Terrier ist kein Schoßhund, sondern ein Hund, der eine Aufgabe braucht und aktiv beschäftigt werden möchte, etwa mit Agility oder ähnlichen Hundesportarten, in denen er durch Schnelligkeit, Wendigkeit und sein gutes Reaktionsvermögen punkten kann.
Haltung: Bedingt durch das kurze Fell sind English Toy Terrier etwas kälteempfindlich und sollten bei nasskaltem Wetter nicht bewegungslos im Freien ausharren müssen.

Das mag er	Das mag er nicht
Sport und Spiel, gerechte Behandlung	nasskaltes Wetter, Langeweile

! Vom Manchester Terrier, unterscheidet sich der English Toy Terrier durch die Größe und die Ohrenform: Der „Kleine“ hat Stehohren.

Black and Tan

English Toy Terrier werden ausschließlich in der charakteristischen Black and Tan-Färbung gezüchtet (man bezeichnet ihn darum mitunter auch als Black and Tan Toy Terrier). Leuchtend rote Abzeichen auf tiefschwarzer Grundfarbe werden auf Deutsch als Schwarzloh bezeichnet. Außer beim English Toy Terrier kommt diese Färbung unter anderem beim Dobermann und beim Zwergpinscher vor – deshalb wird der English Toy auch mitunter mit dem Zwergpinscher verwechselt oder für einen kleinen Dobermann gehalten. Mit diesen beiden Rassen ist er allerdings nicht verwandt – er ist die Zwergform des hierzulande ebenfalls recht seltenen Manchester Terriers.

Typisch Terrier

Wie die meisten Terrier benötigt auch der English Toy eine konsequente Erziehung. Er passt am besten zu einem souveränen, gerechten Besitzer, der ihm eine klare Linie vorgibt. Bei zu nachlässiger Erziehung wird der aufgeweckte Hund unter Umständen selbst versuchen, die Führung zu ergreifen. Ungeeignet ist diese Rasse für unsichere oder cholerische Personen. Mit der richtigen Anleitung kann der zugleich aktive und sensible English Toy sein ganzes Potential entfalten und entwickelt eine sehr enge Bindung an seine Bezugsperson.

? In Deutschland ist die Rasse selten, bisher wurden hierzulande keine 50 Tiere eingetragen.

Beschäftigung

Die wendigen und intelligenten English Toys eignen sich ausgezeichnet für alle Hundesportarten, bei denen es um Schnelligkeit und Geschicklichkeit geht (natürlich immer seiner Körpergröße angepasst). Er ist prädestiniert für Agility, aber auch Dogdancing, Obedience, Trickdoging und ähnliche Betätigungsfelder können geeignet sein. Probieren Sie einfach aus, was Ihrem Hund und Ihnen am meisten Spaß macht!

VDH-Mitgliedsvereine
www.kft-online.de

Zu wem passt der English Toy?			
Reiselustige	☺	☺	☺
Sportliche	☺	☺	
Familien	☺	☺	☺
Gemütliche	☺	☺	

einfach bis aufwendig | hoch | 12–15 Jahre | eingeschränkt

Foxterrier

FCI-Standard-Nr. 169 (Drahthaar), 12 (Glatthaar)
Größe: Rüde nicht über 39 cm, Hündin etwas weniger
Gewicht: Rüde etwa 8,25 kg, Hündin etwas weniger
Farbe: weiß mit schwarzen, lohfarbenen oder schwarzlohfarbenen Abzeichen.

Herkunft und Verbreitung: In Großbritannien wurden (und werden) Foxterrier bei der Fuchsjagd eingesetzt. Auch bei uns ist er ein beliebter Jagdgebrauchshund, der vielseitig eingesetzt wird.
Wesen: Ein Foxterrier ist in der Regel ein Temperamentsbolzen und braucht einen umsichtigen und sportlichen Besitzer, der seinen Tatendrang in die richtigen Bahnen lenkt. Dann ist er ein treuer und lustiger Begleiter, der mit seinem Menschen durch Dick und Dünn geht. Er ist sehr unternehmungslustig, auch stundenlange Wanderungen ermüden ihn kaum. Wichtig – wie bei den meisten Terrierrassen – ist dabei immer auch die richtige Balance zwischen Action und Ruhepausen, damit er nicht „überdreht".
Haltung: Drahthaarfoxe müssen in regelmäßigen Abständen professionell getrimmt (nicht geschoren!) werden. Bei beiden Haartypen (Drahthaar und Kurzhaar) entfernt regelmäßiges Bürsten und Kämmen die lose Unterwolle und fördert die Durchblutung. Beim Foxterrier kommen ab und zu Augenerkrankungen vor; Hunde mit einem sehr großen Weißanteil im Fell können unter Umständen taub sein.
Foto: Drahthaar Foxterrier

Das mag er	Das mag er nicht
Beete umgraben, Stöbern, Action	Langeweile, dominante Artgenossen

! Der Foxterrier ist heute nicht mehr so häufig anzutreffen wie zu seiner Blütezeit in den 1950er Jahren.

Powerpaket

Foxterrier sind immer auf Zack und lassen sich für eine Vielzahl von Aktivitäten motivieren. Geradezu ideal eignen sie sich für Agility, aber auch die Ausbildung zum Rettungshund oder die Beschäftigung mit Fährtenarbeit fordern die intelligenten und agilen Hunde sowohl physisch als auch psychisch. Der Hund muss lernen, jederzeit in Kontakt mit seinem Besitzer zu bleiben und nicht „blindlings“ zu agieren. Aus diesem Grund sollte man auch übertriebene bis blindwütige Apportierspiele von Anfang an unterbinden, um keinen „bällchensüchtigen“ Hund zu bekommen.

Pflege

Drahthaar Foxterrier haben ein doppeltes Haarkleid mit hartem, schmutzabweisenden Deckhaar und schützender Unterwolle. Mindestens zweimal jährlich, während des Fellwechsels im Frühjahr und im Herbst, muss der Hund von einem Fachmann (etwa dem Züchter) getrimmt werden. Entsprechend motivierte Besitzer können ihren Hund nach entsprechender Anleitung selber trimmen. In den Hundesalon sollte man den Foxterrier nur bringen, wenn dort nachweislich Erfahrungen mit der Rasse vorliegen (auf der Homepage des Foxterrier-Verbandes finden Sie eine Liste mit Trimmstationen). Keinesfalls sollte man ihn einfach scheren lassen, hierdurch wird das schützende Deckhaar abgeschnitten und das Fell wird wollig und farblos. Auch Baden sollte man einen Drahthaar-Fox nur im Ausnahmefall, in der Regel reicht gründliches Bürsten, um angetrockneten Schmutz zu entfernen.

Verbreitung

Heute steht er etwas im Windschatten der „angesagteren“ Parson Russell und Jack Russell Terrier. Auch das Verhältnis von Drahthaar zu Glatthaar-Foxls hat sich in den letzten 10 Jahren verändert: Wurden 1998 noch nahezu doppelt so viele Drahthaar-Foxe eingetragen, sind die Zahlen heute annähernd gleich (je um die 450 Welpen/Jahr innerhalb des VDH).

VDH-Mitgliedsvereine
www.foxterrier-verband.de

Zu wem passt der Foxterrier?			
Reiselustige	☺	☺	
Sportliche	☺	☺	☺
Familien	☺	☺	
Gemütliche	☺		

einfach | niedrig | etwa 12 Jahre | ja

Französische Bulldogge

FCI-Standard-Nr. 101
Größe: muss im Verhältnis zum Gewicht stehen
Gewicht: 8–14 kg
Farbe: fauve (falbfarben) mit oder ohne Stromung; begrenzte, mittlere oder überhandnehmende Weißscheckung

Herkunft und Verbreitung: Der Bully geht auf englische Zwergbulldoggen zurück, eventuell wurden noch Mops und Terrier eingekreuzt. Seit jeher wurden Bullys als Begleithunde gehalten, heute erfreut sich die Rasse in Deutschland steigender Beliebtheit.
Wesen: Bullys sind verspielt, lebhaft, dabei freundlich und neugierig. Meist vertragen sie sich gut mit Artgenossen und auch mit anderen Tieren, man sollte sie aber bereits im Welpenalter an alle möglichen Situationen heranführen und jeglichen Aggressionstendenzen entgegenwirken. Zu fremden Menschen sind sie meist neutral bis freundlich, von Kindern sind sie oft begeistert (was aber nicht heißt, dass diese sie traktieren dürfen). Grunderziehung muss auch bei der Französischen Bulldogge sein, wer allerdings mit seinem Hund bei Unterordnungswettkämpfen oder beim Agility glänzen will, sollte eine andere Rasse wählen.
Haltung: Ein Bully ist eher ein Hund für gemütliche Menschen, sportliche Höchstleistungen sind nicht sein Ding. Extreme Hitze verträgt er schlecht, man darf seinen Bully im Sommer nicht überfordern, um einen Hitzekollaps zu vermeiden.

Das mag er	Das mag er nicht
Streicheleinheiten, Menschen, Spielen	Hitze, dominante Geschlechtsgenossen

Bulldoggen sind mitunter narkoseempfindlich. Suchen Sie nach Möglichkeit einen Tierarzt, der Erfahrung mit der Rasse hat.

Belastungstest

Da beim Bully Probleme durch das Brachyzephale Atemnot-Syndrom (BAS) (siehe Glossar und Mops, Seite 76) auftreten können, muss im IKFB e.V. (VDH-Rassezuchtclub, Homepage siehe unten) jeder Hund im Rahmen einer Zuchttauglichkeitsprüfung einen Belastungstest absolvieren, bevor er zur Zucht zugelassen wird. Hierbei wird die Belastungsfähigkeit des Herz-Kreislaufsystems und des Atmungssystems von einem Tierarzt überprüft.

Kaufen Sie keinen Bully aus einer Zucht, die keinen bestandenen Belastungstest für die Elterntiere nachweisen kann. Achten Sie außerdem darauf, dass die Hunde des Zuchtbestandes gut geöffnete Nasenlöcher haben.

Charmante Clowns

Typische Französische Bulldoggen haben einen bezaubernden Charakter, sie gehen freundlich und überschwänglich auch auf fremde Menschen zu. Typisch für den Bully ist seine ausgeprägte Mimik und sein Mitteilungsbedürfnis – dabei grunzt, maunzt und johlt er zugleich. Dies sind keine Drohgebärden und -laute, sondern es ist der Ausdruck höchster Verzückung. Natürlich ist eine gewissenhafte Sozialisierung auf Menschen und Artgenossen die Grundvoraussetzung für ein entspanntes Hundeleben, wie bei allen anderen Hunderassen auch.

Trendrasse

Der Bully ist mittlerweile fast so etwas wie eine Moderasse geworden, derzeit werden alleine innerhalb des VDH über 200 Welpen eingetragen. Bitte investieren Sie in die Suche nach einem sorgfältigen Züchter, der nur mit nachweislich gesunden Hunden züchtet und seine Welpen gut sozialisiert. Die Mühe lohnt sich: Ein Bully aus guter Zucht ist ein wundervoller Begleiter.

VDH-Mitgliedsvereine
www.ikfb.de

Schnarchen wird oft als rassetypisch bezeichnet. Übermäßige Schnarchgeräusche sind allerdings ein Anzeichen für Atemprobleme. Auch eine Französische Bulldogge sollte in Ruhe ruhig und frei durch die Nase atmen können.

Zu wem passt der Bully?			
Reiselustige	☺	☺	
Sportliche	☺		
Familien	☺	☺	☺
Gemütliche	☺	☺	☺

mittel bis aufwendig	niedrig bis mittel	etwa 15 Jahre	gut

Havaneser

FCI-Standard Nr. 250
Größe: 23–27 cm (Toleranz +/- 2cm)
Gewicht: max. 6 kg
Farbe: weiß, falbfarben mit oder ohne schwarze Haarspitzen, havannabraun, tabakfarben, rötlichbraun oder schwarz, einfarbig oder weiß gescheckt

Herkunft und Verbreitung: Der Havaneser geht ursprünglich auf kleine, langhaarige Hunde aus dem westlichen Mittelmeergebiet zurück. Weitergezüchtet wurde die Rasse auf Kuba, wohin ihre Vorfahren vermutlich durch Seefahrer gebracht wurden.
Wesen: Havaneser werden seit vielen Generationen als reine Begleithunde gezüchtet, dies macht sie zu fröhlichen und anschmiegsamen Gefährten, die in der Regel anpassungsfähig und wachsam, aber keine übermäßigen Kläffer sind. Havaneser sind recht sportlich und begeistern sich auch für Mini-Agility, Obedience und Ähnliches. Sie fühlen sich auch in einer Familie mit Kindern wohl und sind glücklich, wenn sie ihre Familie überall hin begleiten dürfen.
Haltung: Havaneser haben langes, glattes Deckhaar. Um sie sauber und gepflegt zu halten, ist eine regelmäßige Fellpflege nötig. Wer davor zurückschreckt, sollte sich eher für eine kurzhaarige Rasse entscheiden. Der Havaneser gilt als eine sehr gesunde und langlebige Rasse.

Das mag er	Das mag er nicht
seine Bezugsperson, Sport und Spiel	nicht beachtet werden, Pflegemuffel

! In der Welpenstatistik des VDH hat der Havaneser den beliebten Malteser mittlerweile überrundet, pro Jahr werden momentan über 600 Welpen innerhalb des VDH eingetragen.

Das sind Bichons

Der Havaneser gehört zu der Gruppe der Bichons. Unter dieser Bezeichnung fasst man mehrere Rassen zusammen: Malteser, Bologneser, Bichon frisé, Havaneser und Löwchen. (Bichonartige Rassen sind der Coton de Tuléar und der Bolonka Zwetna.) Alle diese Rassen stammen ursprünglich aus dem westlichen Mittelmeerraum und lassen sich (zumindest in ähnlicher Form) schon seit vielen Jahrhunderten als Begleithunde vornehmer Damen in Wort und Bild nachweisen. Bichons teilen bestimmte Merkmale: Sie haben am ganzen Körper langes seidiges Haar (Bologneser und Bichon frisé sind gelockt) und zeichnen sich durch ein in der Regel fröhliches, unkompliziertes und anhängliches Wesen aus.

Mini-Havaneser

Es gibt beim Havaneser recht unterschiedliche Zuchtlinien, Größe und Gewicht der ausgewachsenen Tiere können stark variieren. In jedem Fall sollten Sie sogenannte Mini-Havaneser meiden. Solche Hunde sind nicht standardgerecht, die gezielte Zucht auf extreme Zwerge kann mit gesundheitlichen Einschränkungen einhergehen. Seriöse Zuchtverbände halten sich an die Vorgaben des offiziellen Rassestandards und achten gleichzeitig auch darauf, dass nur mit gesunden Elterntieren gezüchtet wird.

Richtige Hunde

Auch wenn sie noch so klein und niedlich sind, darf man nicht vergessen, dass auch Bichons Hunde und keine Lifestyle-Accessoires sind. Eine gute Sozialisierung und Kontakt zu Artgenossen sollten auch für sie selbstverständlich sein. Mittlerweile bieten viele Hundeschulen Welpenspielgruppen für kleinrassige Hunde an. Erkundigen Sie sich, ob es in Ihrer Nähe entsprechende Angebote gibt.

Pflege

Havaneser sollten nur gelegentlich gebadet werden.

VDH-Mitgliedsvereine
www.kleinhunde.de

Zu wem passt der Havaneser?			
Reiselustige	☺	☺	☺
Sportliche	☺	☺	☺
Familien	☺	☺	☺
Gemütliche	☺	☺	

! Binden Sie bei Bedarf das lange Stirnhaar mit einer Spange nach oben, um dem Hund „freie Sicht“ zu ermöglichen.

einfach bis mittel | hoch | etwa 14 Jahre | bedingt

Irish Glen of Imaal Terrier

FCI-Standard-Nr. 302
Größe: Rüde maximal 35,5 cm, Hündin etwas weniger
Gewicht: Rüde 16 kg, Hündin etwas weniger
Farbe: blau gestromt, weizenfarben (alle Schattierungen von hell bis rötlich-golden)

Herkunft und Verbreitung: Wie die meisten Terrier wurde der Glen vor allem dazu eingesetzt, Füchse und Dachse aus ihrem Bau zu jagen und Ratten zu töten.
Wesen: Der Glen ist kein Hund, mit dem man auf der Straße auffällt – nicht zuletzt das macht ihn so sympathisch. Auch sein Wesen entspricht eher dem gesunden Mittelmaß: Er hat zwar eine gehörige Portion „Terrier-Schneid“, doch fehlt ihm das manchmal sehr „quecksilbrige“ Wesen manch anderer Terrier. Generell ist er sehr bewegungsfreudig und nimmt begeistert an allen Aktivitäten teil. Eine konsequente Grunderziehung ist wichtig: Ein Glen muss wissen, wo sein Platz im „Familienrudel“ ist. Mit der richtigen Erziehung und Auslastung ist er kerniger Männerhund, zärtlicher Frauenhund und verspielter Kinderhund in einem Paket.
Haltung: Sie sollten darauf achten, dass Ihr Glen hochwertiges Futter bekommt und nicht zu dick wird. Für die Haltung in Etagenwohnung ohne Aufzug eignet er sich weniger, da ständiges Treppensteigen die Gelenke belastet und die Rasse zu schwer ist, um mehrmals täglich mehrere Stockwerke hoch getragen zu werden.

Das mag er	Das mag er nicht
Suchspiele, Löcher buddeln	Stubenhocker, unklare Führungsverhältnisse

! Der Besitzer sollte souverän und konsequent sein, dabei nicht aufbrausend oder gar ungerecht.

Großer Hund
Körper, Kopf und das Gebiss des Glen entsprechen denen eines mittelgroßen Hundes – durch die niedrigen Läufe ist er einfach etwas „tiefer gelegt". Glens sind also keine Klein- oder gar Schoßhunde, sondern ganze Kerle mit einer arbeitsreichen Vergangenheit und großem Tatendrang. Dies gilt es unbedingt vor der Anschaffung zu beachten.

Pflege
Glens haben ein doppeltes Haarkleid mit harschem Deckhaar und schützender Unterwolle. Das Fell ist insgesamt nicht sehr pflegeintensiv, sofern man ihn etwa alle 4 Monate von einem Fachmann (etwa dem Züchter) trimmen lässt bzw. dies nach entsprechender Anleitung selber tut. In den Hundesalon sollte man den Glen nur bringen, wenn dort nachweislich Erfahrungen mit Terriern vorliegen (am besten lassen Sie sich von Ihrem Züchter oder dem Rasseklub einen Salon empfehlen). Keinesfalls sollte man ihn einfach scheren lassen, Hautprobleme können die Folge sein. Regelmäßiges Bürsten und Kämmen entfernt die lose Unterwolle und fördert die Durchblutung.

Erziehung
Wie die meisten Terrier-Rassen eignet sich ein Glen nicht für antiautoritäre Erziehung.

VDH-Mitgliedsvereine
www.kft-online.de

Das sollten Sie wissen
Vereinzelt tritt beim Glen PRA (eine erbliche Augenerkrankung, siehe Glossar) auf. Bei Verdacht auf Augenprobleme sollte am besten ein auf Augenkrankheiten spezialisierter Tierarzt konsultiert werden. Mittlerweile existiert auch ein Gentest auf diese Krankheit; fragen Sie den Züchter, ob seine Hunde getestet sind.

? Der Glen ist ein eher unauffälliger Hund mit unkompliziertem Rauhaar in gedeckten Farben. Auf der Straße wird diese in Deutschland sehr seltene Rasse meist für einen hübschen Mischling gehalten.

Zu wem passt der Glen?			
Reiselustige	☺	(☺)	
Sportliche	☺	☺	☺
Familien	☺	☺	
Gemütliche	☺	☺	

einfach | mittel | etwa 15 Jahre | eingeschränkt

Italienisches Windspiel

FCI-Standard-Nr. 200
Größe: 32–38 cm
Gewicht: höchstens 5 kg (viele Windspiele überschreiten heute die Größen- und Gewichtsgrenze)
Farbe: einfarbig schwarz, grau, schiefergrau, sand und isabell

Herkunft und Verbreitung: Es gibt schon seit vielen Jahrhunderten kleinwüchsige Windhunde; die etwas größeren davon wurden sicher zur Jagd (etwa auf Kaninchen) eingesetzt, die kleineren waren Begleithunde des Adels.
Wesen: Windspiele sind extrovertiert und temperamentvoll, durch ihre Intelligenz und Leistungsbereitschaft lassen sie sich recht gut erziehen. Nicht optimal geeignet sind sie für die Haltung mit Kleinstkindern. Wichtig ist eine gute Sozialisierung. Verzärteln tut dem Windspiel nicht gut, auch für die Einzelhaltung bei einer übervorsichtigen Person ist es nur bedingt geeignet. Probleme kann es mitunter bei Rudelhaltung mit zu großen, wilden Hunden geben.
Haltung: Die Umgebung sollte – vor allem bei sehr zarten Exemplaren und Welpen – der Verletzungsanfälligkeit angepasst sein. Auch Patellaluxation kommt vor. Manche Windspiele haben Allergien, auch Herzfehler treten vereinzelt auf. Sehr kleine Hündinnen können während der Säugeperiode Eklampsie (siehe Glossar) bekommen – dies stellt einen akuten Notfall dar und muss umgehend tierärztlich behandelt werden.

Das mag er	Das mag er nicht
Bewegung, sein Rudel, Kontaktliegen	nasskaltes Wetter, zu grobe Spiele

! Windspiele können narkoseempfindlich sein, auch müssen Medikamente wegen des speziellen Fett-Körpermasse-Verhältnisses ganz genau dosiert werden.

Knochenbrüche

Manche Windspiele neigen zu Knochenbrüchen (Frakturen) der Gliedmaßen im ersten Lebensjahr. Achten Sie auf folgende Punkte, um Knochenbrüche zu vermeiden:

- Zucht: Wählen Sie einen Welpen möglichst aus einer Zucht, bei deren Hunden keine gehäuften Knochenbrüche auftreten. Es ist nicht automatisch so, dass größere, schwerere Hunde weniger Knochenbrüche haben. Vielmehr hängt die Frakturneigung wahrscheinlich mit der Knochendichte zusammen.
- Ernährung: Mit einer hochwertigen und ausgewogenen Ernährung kann sich ein Welpe optimal entwickeln. Sparen Sie nie an den Futterkosten! Vermeiden Sie Übergewicht – auch beim erwachsenen Hund.
- Haltungsbedingungen: Viel Bewegung und Muskeltraining sind wichtig für eine gesunde Entwicklung des Bewegungsapparates. Lassen Sie Ihren Hund rennen und spielen, soviel er mag!
- Gesunder Menschenverstand: Windspiele neigen dazu, sich zu überschätzen. Deshalb müssen Sie vor allem Ihren Welpen/Junghund dort beschützen, wo reale Risiken bestehen. Lassen Sie ihn nicht mit großen, wilden Hunden toben. Lassen Sie ihn nicht von kleinen Kindern herumtragen. Setzen Sie ihn nirgendwo hin, wo er nicht von selbst hinaufkommt (Bett, Sofa, Waschbecken etc.).

Agility

Es gibt etliche Windspiele, die in Agility geführt werden und mit Freude und Eifer bei der Sache sind. Der Vorteil von Agility besteht darin, dass die Kommunikation und somit auch die Bindung zwischen Herr und Hund gefördert wird. Führen Sie Ihr Windspiel langsam und spielerisch an die Übungen heran, halten Sie die Übungseinheiten kurz, um dem Hund das Training nicht zu verleiden.

VDH-Mitgliedsvereine

www.dwzrv.de

Das sollten Sie wissen

Vereinzelt treten Augenkrankheiten auf (etwa Glaskörper-Degeneration und Glaukom). Sollten Augenprobleme bei Ihrem Windspiel auftreten, so suchen Sie einen auf Augenerkrankungen spezialisierten Tierarzt auf.

Zu wem passt das Windspiel?			
Reiselustige	☺	☺	
Sportliche	☺	☺	
Familien	☺	☺	
Gemütliche	☺	☺	

einfach | hoch | etwa 15 Jahre | eingeschränkt

Jack Russell Terrier und Parson Russell Terrier

FCI-Standard-Nr. 339 (PRT), 345 (JRT)
Größe: PRT: Rüde 36 cm (+/- 2cm), Hündin 33 cm (+/- 2cm); JRT: 25–30 cm
Gewicht: PRT: etwa 6–9 kg, JRT: etwa 1 kg pro 5 cm Schulterhöhe
Farbe: weiß mit oder ohne schwarze und/oder lohfarbene Abzeichen

Herkunft und Verbreitung: Die kleinen JRT („Jackies“) werden überwiegend als Haus- und Begleithunde gehalten, sie sind vor allem in Reiterkreisen beliebt. Jagdlich geführt werden eher die größeren Parsons. Der Siegeszug dieser Rasse wurde von den eingefleischten Liebhabern mit einem weinenden und einem lachenden Auge betrachtet; fürchtete man doch, dass dieser, bisher nach reinen Leistungsmaßstäben gezogene Arbeitshund auf Dauer den Weg eines hübschen, aber unterforderten Modehundes gehen würde.

Wesen: Sein Ruf eines unangepassten, draufgängerischen Individualisten in einer handlichen und hübschen Verpackung ließ ihn zum modernen Statussymbol werden. Die kleinen Terrier lieben wilde Spiele und sind kaum müde zu kriegen, sie sind daher die idealen Gefährten für sportliche Outdoor-Familien, bei denen immer etwas los ist. Manche Hunde (vor allem Rüden) können recht rauflustig sein, dies sollte man bei der Erziehung im Hinterkopf behalten.

Haltung: Beide Rassen gibt es in Rauhaar oder Glatthaar, den JRT außerdem noch in Stichelhaar. Bei beiden Rassen sind wenige Krankheiten bekannt, ab und zu können Augenprobleme (Linsenluxation, siehe Glossar) und auch Patellaluxation auftreten.

Foto: Jack Russell Terrier

Das mag er	Das mag er nicht
Jagen, Löcher graben, Action	Langeweile, antiautoritäre Erziehung, dominante Hunde

! Jackies und Parsons sind nach wie vor echte Terrier mit viel Raubzeugschärfe, was ihre Haltung mit Katzen und Kleintieren einschränkt.

Pflege

Die ursprünglich als Jack Russell Terrier bekannt und beliebt gewordene britische Jagdterrier-Rasse wurde 2001 in zwei verschiedene Rassen aufgeteilt, die nun nicht mehr untereinander verpaart werden dürfen: Den hochläufigen „originalen" Typ, der jetzt als Parson Russell Terrier bezeichnet wird, und den kleineren, fast immer niederläufigen Typ, der jetzt allein die offizielle Bezeichnung Jack Russell Terrier trägt. Diese Aufteilung wurde von den Züchtern nicht nur begrüßt, wird so doch die Zuchtbasis eingeengt.

Richtige Auslastung

Man kann einen solch temperamentvollen Terrier unterfordern, aber auch überfordern. Beachten Sie folgende Punkte, um Freude mit und an Ihrem Hund zu haben:

- Übertreiben Sie es nicht mit „stumpfsinnigen" Spielen, wie dem pausenlosen Bällchen- oder Stöckchenwerfen.
- Fliegen oder Schatten jagen ist eine Form des übersteigerten Beutefangverhaltens – solch ein Hund braucht eine sinnvolle „Alternativbeschäftigung".
- Guter Grundgehorsam ist unerlässlich, und die Erziehung stellt den Besitzer oft auf eine harte Geduldsprobe, denn diese Hunde sind äußerst erfinderisch, wenn es darum geht, ihren Willen durchzusetzen. Ihre schnelle Auffassungsgabe macht sie aber auf der anderen Seite sehr gelehrig.
- Agility ist eine wunderbare Gelegenheit, den nicht jagdlich geführten PRT und auch den JRT zu beschäftigen und gleichzeitig das Mensch-Hund-Band zu stärken. Nicht ohne Grund gehören PRT und JRT oft zu den Siegern bei dieser Sportart.
- Auch Trickdogging oder das neue JAD („Jump and Dance") eignen sich gut, um einen PRT oder JRT sinnvoll zu beschäftigen. Mehr Informationen zu JAD finden Sie unter www.jad-dogs.de.

VDH-Mitgliedsvereine
www.kft-online.de
www.prtcd.de (nur PRT)

Das sollten Sie wissen
Ganz oder fast ganz weiße Welpen könnten taub sein, sie sollte man sicherheitshalber auf ihr Hörvermögen testen.

Zu wem passt der Russell Terrier?			
Reiselustige	☺	☺	(☺)
Sportliche	☺	☺	☺
Familien	☺	☺	☺
Gemütliche	☺		

mittel	gering	etwa 15 Jahre	ja

Japan Chin

FCI-Standard-Nr. 206

Größe: Rüde etwa 25 cm, laut Standard sollen Hündinnen etwas kleiner sein, in der Praxis züchtet man sie etwas größer, um Geburtsproblemen vorzubeugen

Gewicht: Rüde 2–3,5 kg
Hündin 2,5–3,5 kg

Farbe: weiß mit schwarzen oder roten Abzeichen

Herkunft und Verbreitung: Chins wurden schon vor vielen Jahrhunderten von japanischen Adligen gezüchtet, sie waren seit jeher als kostbare Begleiter bestimmt. Möglicherweise haben Japan Chin und Pekingese gemeinsame Ahnen.

Wesen: Japan Chins gelten als ruhige, ausgeglichene und zärtliche Hunde, die zudem sehr verträglich mit Artgenossen und anderen Tieren sind (eine entsprechende Sozialisierung natürlich vorausgesetzt). Sie sind anpassungsfähig und sportlich, dabei nicht übermäßig bewegungshungrig, sodass sie sich ebenso als Begleiter älterer Personen als auch jüngerer Menschen eignen. Für ein hektisches Umfeld oder turbulentes Familienleben mit Krabbelkindern allerdings eignen sie sich weniger gut, ein Chin bevorzugt eine ruhige und ausgeglichene Atmosphäre. Da der Chin sehr menschenbezogen ist und extrem an seinem Besitzer hängt, sollte er nicht zu lange alleine bleiben müssen.

Haltung: Das reiche Fell muss täglich gebürstet werden, um Knotenbildung zu vermeiden.

Das mag er	Das mag er nicht
Harmonie, Streicheleinheiten, freundliche Kleinhunde	Hektik, grobe Spiele, Pflegemuffel

Pflege

Mindestens alle 2 Monate sollte der Chin mit einem Spezialshampoo für Langhaarhunde gebadet und danach mit einer Spülung behandelt werden (Stadthunde werden etwas häufiger gebadet als Hunde, die auf dem Land leben).

Besuchshund

Der Japan Chin eignet sich wegen seines menschenbezogenen, freundlichen und nicht zu aufdringlichen Wesens gut als Besuchshund im Rahmen einer tiergestützen Aktivität. Beim Besuchshund handelt es sich um sehr gut sozialisierte Privathunde, die geduldig und frei von jeglichen Aggressionen gegen Menschen und Artgenossen sind. Der Hund muss die gängigen Grundkommandos wie Komm, Sitz, Platz und Bleib beherrschen. Besuchshunde sollten beim ersten Einsatz mindestens 15 Monate alt sein. Gemeinsam mit ihrem Besitzer, zu dem sie eine sichere Bindung haben, besuchen sie alte oder kranke Menschen in deren Wohnungen oder in sozialen Einrichtungen wie Alten- oder Pflegeheimen bzw. Kliniken. Dort lassen sie sich streicheln, füttern oder sie spielen mit den Personen. Dabei findet nichts unter Zwang, sondern alles auf freiwilliger Basis (bei Mensch und Hund) statt.
Mehr Informationen über Besuchshunde finden Sie auf der Homepage von Tiere helfen Menschen e.V. (www.thmev.de).

! **Der Japan Chin ist eine seltene Rasse, in Deutschland werden jährlich nur zwischen 10 und 30 Hunde gezüchtet.**

! **Die großen Augen sind etwas verletzungsanfällig, lassen Sie Ihren Chin nicht unter stacheligen Büschen laufen. Vorsicht auch vor zu nahem Kontakt mit fremden Katzen.**

VDH-Mitgliedsvereine

www.internationalerclub1920ev.de

Das sollten Sie wissen

Wie alle Zwerghunde ist der Chin anfällig für Patellaluxation (siehe Glossar). Aus diesem Grund sollte er in der Wachstumsphase nicht zu viel hoch- und herunter springen sowie ausgewogen und gesund ernährt werden. Auf langen und steilen Treppen sollten Sie Ihren Chin-Welpen tragen.

Zu wem passt der Japan Chin?			
Reiselustige	☺	☺	☺
Sportliche	☺	☺	
Familien	☺	☺	
Gemütliche	☺	☺	☺

mittel | gering | 10–14 Jahre | gut

King Charles Spaniel

FCI-Standard-Nr. 128
Größe: 28–31 cm
Gewicht: 3,6–6,3 kg
Farbe: black and tan, tricolor, rot-weiß (Blenheim), einfarbig rot (Ruby)

Herkunft und Verbreitung: Zwergspaniels sind in England als Gesellschaftshunde (vor allem bei Hofe) bereits seit Jahrhunderten bekannt. Der King Charles Spaniel und der bei uns heute viel bekanntere Cavalier King Charles Spaniel gehen auf die gleichen Vorfahren zurück, wobei der King Charles gewissermaßen den ursprünglicheren Typ repräsentiert.

Wesen: Der auch liebevoll „Charlie" genannte King Charles Spaniel ist ein überaus sanfter, anhänglicher und fröhlicher Hund. Er ist prädestiniert als Begleit- und Gesellschaftshund, eignet sich wegen seiner handlichen Größe und seinem angenehmen Wesen auch für ältere Besitzer. Er ist intelligent und anhänglich, muss mit viel Liebe und sanfter, aber konsequenter Hand erzogen werden. Ein paar Leckerbissen zur Belohnung sowie viel Lob wirken bei allen Spaniels Wunder in der Erziehung.

Haltung: Wie alle Spaniels muss er regelmäßig gebürstet werden, das teilweise recht üppige Fell wird an den Pfoten etwas zurück geschnitten. Kontrollieren Sie regelmäßig die Ohren und gehen Sie bei Anzeichen einer Entzündung (Ausfluss, unangenehmer Geruch, Kopfschiefhaltung oder Kratzen) zum Tierarzt.

Das mag er	Das mag er nicht
Streicheleinheiten, kuschelige, erhöhte Liegeplätze	zu grobe Spiele, aufdringliche Fremde, Strafen

! Als typischer Spaniel hängt der King Charles Spaniel sehr an seinem Besitzer und leidet unter Nichtbeachtung und Trennung.

Farbenspiel

Die vier anerkannten Farbschläge haben typische Farbbezeichnungen: Blenheim sind die rot-weißen, Ruby die einfarbig Roten, Prince Charles nennt man die dreifarbig Schwarz-Weiß-Roten (tricolor) und King Charles ist die Bezeichnung für Schwarz mit roten Abzeichen (black and tan).

„Welpenschutz"

Lassen Sie Ihren Welpen nicht von kleinen Kindern tragen oder frei auf dem Fußboden laufen, wenn viele Menschen im Raum sind. Setzten Sie ihn außerdem nicht auf erhöhte Plätze, auf die er nicht selbst hinauf gelangen könnte. Er kann ernsthaft verletzt werden, wenn man versehentlich auf ihn tritt, sich auf ihn setzt oder er hinunter fällt.

Charlie oder Cavalier?

Der Cavalier King Charles Spaniel geht auf die gleichen Vorfahren zurück wie der King Charles Spaniel, ist heute in Deutschland aber ungleich bekannter. Beide Rassen haben viele Gemeinsamkeiten: Beide sind anschmiegsam, eignen sich auch für ältere Hundefreunde, sind fröhlich und lebenslustig, fressen recht gerne und müssen daher in dieser Hinsicht etwas kontrolliert werden. Es gibt aber auch Unterschiede: Charlies sind etwas „würdevoller" und zurückhaltender, sie versprühen ihre Energie nicht ganz so impulsiv wie ein Cavalier. In der Welpenphase entwickeln sich Charlies etwas schneller als Cavaliere. Bedingt durch ihre geringere Größe muss man sie etwas besser behüten; sie eignen sich beispielsweise weniger gut für Familien mit Kleinstkindern.

Seltene Rasse

Der King Charles Spaniel ist in Deutschland eine Rarität: Pro Jahr werden innerhalb des VDH selten mehr als 20 Welpen eingetragen.

VDH-Mitgliedsvereine
www.internationalerclub1920ev.de

? Charlies gehören zu den sogenannten brachyzephalen (kurzköpfigen) Rassen. Sie sind allerdings nicht anfällig für das BAS (siehe Glossar), das liegt unter anderem an ihrem ausgewogenen Körperbau und dem nicht zu kurzen Hals.

Zu wem passt der King Charles?			
Reiselustige	☺	☺	☺
Sportliche	☺	☺	
Familien	☺	☺	
Gemütliche	☺	☺	☺

mittel	gering bis mittel	12–15 Jahre	ja

Kontinentaler Zwergspaniel, Epagneul nain continental: Papillon (stehohrig) und Phalène (hängeohrig)

FCI-Standard-Nr. 77
Größe: etwa 28 cm
Gewicht: zwei Kategorien: 1. unter 2,5 kg; 2. Rüden von 2,5–4,5, Hündinnen von 2,5–5 kg
Farbe: weiße Grundfarbe mit farbigen Flecken

Herkunft und Verbreitung: Schon vor vielen hundert Jahren waren französische und belgische Zwergspaniels beliebte Gesellschaftshunde des Adels.
Wesen: Papillon und Phalène sind muntere, kleine Schoßhündchen, hervorragend für ältere Menschen geeignet. Sie sind aufgeweckt und anhänglich, dabei anpassungsfähig und auch gut zu mehreren zu halten. Papillons suchen engen Kontakt zu ihrem Besitzer, sie reagieren äußerst sensibel auf unwirsche oder grobe Behandlung. Man sagt dem Papillon ein temperamentvolleres und bellfreudigeres Wesen nach als dem Phalène. Beide Schläge eignen sich nur bedingt für die Haltung mit Kleinkindern. Dabei sind Papillons recht leistungsfähig und lerneifrig, vor allem die größeren Exemplare halten gut bei Wanderungen und auf dem Agility-Parcours mit.
Haltung: Zwergspaniels eignen sich gut zur Wohnungshaltung, wobei mehrere Hunde sich eher gegenseitig zum Bellen animieren (Nachbarn!). Es ist wichtig, den Zwergspaniel schlank zu halten. Hündinnen unter 2 kg sollten nicht zur Zucht eingesetzt werden.
Foto: Papillon

Das mag er	Das mag er nicht
Streicheleinheiten, Gesellschaft, Harmonie	grobe Spiele, Hektik

! Wie alle Zwerghunde werden Zwerspaniel-Welpen von seriösen Züchtern erst ab der 12. Lebenswoche abgegeben.

Gesellschaftshund

Der Papillon liebt es, nahe bei seinem Besitzer zu sein und von ihm beachtet zu werden. Dabei ist er auch verspielt und weiß mit seiner drolligen Art auf sich aufmerksam zu machen. Er lässt sich sehr gut zu mehreren halten, wobei er sich natürlich am besten mit anderen Zwerghunden halten lässt. Halten Sie bereits sehr große Hunde, so wählen Sie im Zweifelsfall lieber eine etwas größere Rasse (oder einen etwas größeren Papillon). Die Welpen sind sehr zart und sollten nicht frei auf dem Fußboden laufen, wenn große Hunde toben. Aus diesem Grund besuchen Sie am besten auch Welpenspielgruppen speziell für kleinrassige Hunde. Wie jeder andere Hund braucht auch ein Zwergspaniel eine Beschäftigung für ein ausgefülltes Hundeleben und ein harmonisches Miteinander von Hund und Mensch. Dies können zum Beispiel Mini-Agility, Obedience und Dogdancing sein oder auch einfach das Erlernen kleiner Tricks, Aufgaben und Spiele zuhause.

Sozialisierung

Natürlich soll und muss auch ein so kleiner Hund wie der Papillon gewissenhaft und einfühlsam auf Menschen, Hunde und Alltagssituationen sozialisiert werden. Andernfalls besteht die Gefahr, dass der Hund überängstlich wird. Die Sozialisierung beginnt bereits beim Züchter und wird vom Besitzer fortgeführt. Natürlich muss man auch beim bestens sozialisierten Papillon immer aufpassen, dass er nicht in eine kritische Situation mit einem großen fremden Hund gerät: Zu ungleich sind die Kräfteverhältnisse, außerdem kann auch ein Verfolgungsspiel einmal „umschlagen“ und der Jagdtrieb geweckt werden.

VDH-Mitgliedsvereine
www.kleinhunde.de
www.papillon-club.de

! Früher kannte man nur die hängeohrige Variante, erst im 19. Jahrhundert entstanden stehohrige Zwergspaniels. Heute werden etwa 300 Welpen/Jahr innerhalb des VDH eingetragen (beide Schläge zusammen gezählt).

Zu wem passt der Zwergspaniel?			
Reiselustige	☺	☺	☺
Sportliche	☺	☺	
Familien	☺		
Gemütliche	☺	☺	

mittel | mittel | 14–15 Jahre | eingeschränkt

Lakeland Terrier

FCI-Standard-Nr. 70
Größe: nicht über 37 cm
Gewicht: Rüde um 7,7 kg, Hündin um 6,8 kg
Farbe: schwarzloh, blauloh, rot, weizenfarben, grizzle, leberfarben, blau, schwarz

Herkunft und Verbreitung: Der Lakeland wurde (und wird) in England bei der Fuchsjagd eingesetzt.
Wesen: Wie viele Terrier ist der Lakeland unternehmungslustig, fröhlich, robust und anhänglich. Eine gewisse Dominanz anderen Hunden gegenüber (vor allem gleichgeschlechtlichen) macht ihn für die Gruppenhaltung weniger geeignet. Auch die Haltung zusammen mit kleineren Heimtieren (Kaninchen, Meerschweinchen etc.) sowie Geflügel birgt wegen seines Jagdtriebes gewisse Risiken und ist weniger empfehlenswert. Der ideale Besitzer sollte unkompliziert und naturverbunden sein sowie eine natürliche Autorität besitzen. Probleme kann es – wie bei vielen Terriern – geben, wenn er zu sehr vermenschlicht wird, sowie bei zu nachgiebiger oder gar antiautoritärer Erziehung. Er ist ein aktiver und handlicher Begleiter bei vielen Freizeitaktivitäten, eignet sich auch für Agility und ähnliche Hundesportarten.
Haltung: Der Lakeland sollte 2-mal/Woche gekämmt und 4-mal/Jahr getrimmt werden, dann verliert er keine Haare. Wie die meisten Rassen, die nie in den Fokus von Massenzüchtern geraten sind bzw. zum Modetrend wurden, ist der Lakeland in der Regel recht gesund und langlebig.

Das mag er	Das mag er nicht
Löcher buddeln, fremde Katzen jagen	antiautoritäre Erziehung, Langeweile, dominante Hunde

! Lakeland Terrier sind keine ausgeprägten Meutehunde. Vor allem mit gleichgeschlechtlichen Artgenossen kann es zu Reibereien kommen.

Beschäftigung

Lakies sind sehr aktive, unternehmungslustige Hunde, die sich gut motivieren lassen. Ideal ist es, wenn die Beschäftigung den Hund auch psychisch fordert und die Mensch-Hund-Bindung intensiviert. Dies ist etwa bei Obedience, Dog Dancing und auch Agility der Fall. Aber auch auf Spaziergängen und Wanderungen kann man immer wieder Spiel- und Übungspausen einlegen und kleine Gehorsams- oder Suchspiele machen. Unterlassen Sie exzessives Bällchenwerfen, manche Hunde werden regelrecht spielsüchtig.

Hetztrieb

Ein Lakie ist hellwach und jederzeit bereit, einem kleinen Beutetier nachzusetzen. Das kann auch ein Meerschweinchen, eine Katze oder eine Ente sein – deshalb muss man den Hund unterwegs und bei Besuchen gut im Auge behalten. Eine solide Grunderziehung ist unerlässlich, der Hund sollte in möglichst jeder Situation und Reizlage auf Kommando zu seinem Besitzer kommen. Sollten Sie begeisterter Kleintier- oder Geflügelhalter sein, ist möglicherweise eine andere Hunderasse besser geeignet.

! Der Lakeland Terrier ist in Deutschland mit 70–80 Welpen/Jahr nicht sehr verbreitet; er wird oft mit dem bekannteren Foxterrier oder dem Welsh Terrier verwechselt.

Trimmen

Wie die anderen rauhaarigen Terrier muss auch der Lakie regelmäßig getrimmt werden. Dabei werden die „reifen“ Deckhaare ausgezupft, nur die neuen, harten Deckhaare und die dichte, kurze Unterwolle bleibt stehen. Sie können dies entweder selbst lernen oder lassen es von einem Züchter oder in einem Hundesalon machen, der sich mit Lakeland Terriern auskennt. (Fragen Sie Ihren Züchter oder beim Zuchtclub nach Salons in Ihrer Nähe.) Erst durch das rassegerechte Trimmen erhält der Lakie sein typisches Aussehen, das ihn auch deutlich von Welsh und Foxterrier unterscheidet.

VDH-Mitgliedsvereine
www.kft-online.de

Zu wem passt der Lakie?			
Reiselustige	☺	☺	
Sportliche	☺	☺	☺
Familien	☺	☺	☺
Gemütliche	☺		

aufwendig | mittel | etwa 15 Jahre | ja

Lhasa Apso

FCI-Standard-Nr. 227
Größe: Rüde 25,4 cm, Hündin etwas kleiner
Gewicht: etwa 5–9 kg
Farbe: gold-, sand-, honigfarben, graumeliert, schiefer-, rauchgrau, schwarz, weiß, braun, zweifarbig

Herkunft und Verbreitung: Lhasa Apsos stammen aus Tibet und wurden dort bereits vor Jahrhunderten in Klöstern und Herrschaftshäusern als kleine Begleithunde gehalten. Anfang des 19. Jahrhunderts kamen die ersten Hunde nach Europa.
Wesen: Wenn man das überhaupt von einem Tier sagen kann, so lässt sich der Lhasa am ehesten als stolz beschreiben. Der selbstbewusste und etwas eigenwillige Individualist betrachtet sich als vollwertiges Familienmitglied. Seinem Besitzer gegenüber ist er fröhlich und verschmust; Fremden begegnet er reserviert. Lhasa Apsos sind wachsam, ohne ausgesprochene Kläffer zu sein. Man sagt, wer Katzen mag, mag auch Lhasas.
Haltung: Das üppige Haarkleid kann bis zum Boden wachsen und erfordert bei Ausstellungshunden eine aufwendige Pflege. Familienhunde tragen ihr Fell in der Regel etwas kürzer, was die Bewegungsfreiheit des Hundes sowie die tägliche Pflege erleichtert. Wie alle sehr langhaarigen Hunde wird der Lhasa regelmäßig gebadet und danach mit einer Spülung behandelt. Generell sind Lhasas sehr langlebige und robuste Hunde, vereinzelt kommen Augenerkrankungen und Patellaluxation vor.

Das mag er	Das mag er nicht
Bewegung, respektvolle Behandlung, erhöhte Sitzplätze	aufdringliche Fremde, Zwang, Herumkommandiert werden

Der Lhasa Apso gehört nicht zu den häufigsten Hunderassen in Deutschland, jährlich werden etwa 130 Welpen innerhalb des VDH eingetragen.

Schneeklumpen

Durch seine bodenlangen Haare, die üppige Pfotenbehaarung und den relativ niedrigen Körperbau kann eine Wanderung durch feuchten Schnee recht schnell dazu führen, dass sich dicke Schneeballen an Bauch, Brust und Läufen bilden. Dies kann dem Hund die weitere Fortbewegung mitunter so erschweren, dass er getragen werden muss. Solange der Hund in Bewegung ist, schaden ihm diese Schneeballen kältemäßig nicht – vermeiden sollte man aber, dass der Hund in diesem „Zustand" länger bewegungslos in der Kälte verharren muss. Außerdem können die Schneeklumpen an den Pfoten recht scharfkantig werden und einschneiden, auch das gewaltsame Entfernen ist schmerzhaft.
Zu Hause lassen sie sich in der Bade- oder Duschwanne gut mit warmem Wasser abtauen.
Man kann dem Hund natürlich das Fell in der Länge insgesamt etwas kürzen (vor allem das Fell an den Pfoten sollte man kurz halten). Es gibt auch Hundemäntel, die an Brust und Bauch geschlossen sind und die man seinem Lhasa vor einem Schneespaziergang überziehen kann.

Pflege

Das bodenlange, makellose Fell eines Ausstellungschampions erfordert intensive Pflege und verlangt manche Entbehrung. Ein Familien-Lhasa, der bei allen Aktivi-täten dabei sein soll (und auch will), kann natürlich etwas von seiner Haarlänge gekürzt bekommen. Nicht vernachlässigen darf man die regelmäßige Pflege (Kämmen, das wöchentliche Baden und die tägliche Kontrolle aller Körperöffnungen). Ganz kurz geschoren sollte ein Lhasa nicht werden, da das Fell dadurch wollig wird.

VDH-Mitgliedsvereine

www.ilt-tibet.de
www.tibethunde-ktr.de
www.ctaonline.de

Das sollten Sie wissen

Vereinzelt kann es bei der Rasse zu einem Vorfall der Nickhautdrüse am Auge („cherry eye") kommen. Diesen erkennt man als kleine rosafarben bis rötliche Knötchen am inneren Augenwinkel. Mit einem unkomplizierten Eingriff kann es entfernt werden.

Zu wem passt der Lhasa Apso?			
Reiselustige	☺	☺	☺
Sportliche	☺	☺	
Familien	☺	☺	☺
Gemütliche	☺	☺	

mittel bis aufwendig | niedrig bis mittel | etwa 15 Jahre | gut

Löwchen (Petit Chien Lion)

FCI-Standard Nr. 233
Größe: 26–32 cm (+/- 1cm)
Gewicht: etwa 6 kg
Farbe: alle Farben erlaubt

Herkunft und Verbreitung: Frankreich gilt als Ursprungsland des Löwchens. Wie auch die anderen Bichon-Rassen wurde es seit jeher als Begleithund (in der Regel vornehmer) Damen gehalten.

Wesen: Bichons werden seit vielen Generationen als reine Begleithunde gezüchtet, dies macht sie zu fröhlichen und anschmiegsamen Gefährten, die in der Regel anpassungsfähig und wachsam, aber keine übermäßigen Kläffer sind. Löwchen gelten als sehr auf ihren Besitzer fixiert und lieben es, sich in der vollen Aufmerksamkeit ihres Menschen zu sonnen. Sie können auch sehr sportlich sein und lassen sich gut erziehen.

Haltung: Um das lange Fell sauber und gepflegt zu halten, ist eine regelmäßige und gründliche Fellpflege nötig. Wer davor zurückschreckt, sollte sich eher für eine kurzhaarige Rasse entscheiden oder sein Löwchen regelmäßig in den Hundesalon bringen. Die bei dieser Rasse typische Löwenschur ist nur für Ausstellungshunde „Pflicht" – im Alltagleben kann man seinem Löwchen das Haar natürlich auch naturbelassen. Gesundheitlich sind Löwchen recht unproblematisch, wie bei allen kleinen Hunderassen kann ab und zu Patellaluxation (siehe Glossar) auftreten.

Das mag er	Das mag er nicht
seine Bezugsperson, Sport und Spiel	nicht beachtet werden

! Das Löwchen gehört zu den selteneren Bichon-Rassen, jährlich werden etwa 150 Welpen innerhalb des VDH gezüchtet.

Löwenschur

Löwchen haben am ganzen Körper und im Gesicht langes, seidiges und gewelltes Haar ohne Unterwolle. Ausstellungshunde müssen in einer „Löwenschur" präsentiert werden. Hierbei wird der hintere Körperteil bis zu den Sprunggelenken der Hinterläufe geschoren, an der Rute bleibt die hintere Hälfte als Quaste stehen. An allen vier Pfoten werden die Zehen ausgeschoren, an den Vorderläufen außerdem der Bereich vom Fesselgelenk bis zu den Ellbogen. Traditionell wird außerdem ein Teil des Gesichts ausgeschoren – heute sieht man dies allerdings nicht bei jedem ausgestellten Löwchen. Schade eigentlich, denn nur so erhält das Löwchen seine unverwechselbare Note.

Sportliches Löwchen

Unter den Bichons gehört das Löwchen zu den etwas hochbeinigeren und stabileren Rassen. Daher eignet es sich auch gut für Besitzer, die ihren Hund in sportliche Outdoor-Aktivitäten einbeziehen möchten. Dabei ist es handlich genug, um bei Bedarf auch einmal ein Stück getragen zu werden.

Historie

Auf manchen alten Gemälden sind kleine bichonartige Hündchen mit Löwenschur zu sehen. Ob es sich tatsächlich um Vertreter der Rasse Löwchen handelt, kann heute nicht mehr mit Sicherheit gesagt werden. Es war damals Mode, langhaarige Schoßhündchen so scheren zu lassen, deshalb ist die Schur alleine kein Rassemerkmal. Zwei Beispiele für solche Bilder sind etwa das Porträt von Herzogin Katharina von Mecklenburg von Lucas Cranach d.Ä. (1514) und Porträt eines Mädchens im Alter von drei Jahren von Willem van der Eertbruggen (um 1670).

VDH-Mitgliedsvereine
www.kleinhunde.de
www.loewchenclub-deutschland.de

! Das Löwchen ist eine der wenigen Hunderassen, bei der alle Fellfarben und kombinierte Färbungen (also etwa gescheckte Zeichnungen) erlaubt sind. Dies macht mit den besonderen Reiz dieser Rasse aus.

Zu wem passt das Löwchen?			
Reiselustige	☺	☺	☺
Sportliche	☺	☺	☺
Familien	☺	☺	☺
Gemütliche	☺	☺	☺

aufwendig | niedrig bis mittel | etwa 15 Jahre | ja

Malteser

FCI-Standard Nr. 65
Größe: Rüde 21–25 cm,
Hündin 20–23 cm
Gewicht: 3–4 kg
Farbe: weiß mit schwarzer Nase, Augenlidern und Lefzen

Herkunft und Verbreitung: Alle Bichons stammen von kleinen, langhaarigen Hunden rund um das Mittelmeer ab, viele Mittelmeeranrainerstaaten haben ihre „eigene" Bichon-Rasse.
Wesen: Malteser werden seit vielen Generationen als reine Begleithunde gezüchtet, dies macht sie zu fröhlichen und anschmiegsamen Gefährten, die in der Regel anpassungsfähig und wachsam, aber keine übermäßigen Kläffer sind. Auch wenn sie noch so klein und niedlich sind, darf man nicht vergessen, dass sie Hunde und keine Lifestyle-Accessoires sind. Eine gute Sozialisierung und Kontakt zu Artgenossen sollten auch für sie selbstverständlich sein. Sie fühlen sich durchaus mit ein paar kleineren Runden am Tag wohl, wichtig ist ihnen vor allem, in der Nähe Ihrer Bezugsperson zu sein und viel Zuwendung zu bekommen. Es gibt bei allen Bichon-Rassen unterschiedliche Zuchtlinien, Größe und Gewicht der ausgewachsenen Tiere können variieren. Sie sollten im Zweifelsfall mehrere Züchter aufsuchen, um den Hund zu finden, der am besten zu Ihnen passt.
Haltung: Der Malteser hat langes, glattes Deckhaar ohne Unterwolle. Um es sauber und gepflegt zu halten, ist eine regelmäßige und gründliche Fellpflege nötig. Wer davor zurückschreckt, sollte sich eher für eine kurzhaarige Rasse entscheiden.

Das mag er	Das mag er nicht
liebevolle Zuwendung, gemütliche Spaziergänge	Hektik, nasskaltes Wetter, Alleinsein

! Der Malteser war lange die am häufigsten gehaltene Bichon-Rasse, in der VDH-Welpenstatistik wurde der beliebte Malteser mittlerweile aber vom Havaneser überrundet.

Mini-Malteser

Immer wieder werden so genannte Mini-Malteser angeboten. Aus tierärztlicher Sicht ist von solchen Hunden dringend abzuraten, denn gesundheitliche Probleme sind meist vorprogrammiert. Schon der standardkonforme Malteser gehört mit maximal 25 cm Schulterhöhe und maximal 4 kg Gewicht zu den Zwergrassen. Jegliche gezielte Zucht auf eine noch geringere Größe (teilweise unter 2 kg beim erwachsenen Hund) geht auf Kosten der Vitalität und der Lebensdauer.

Schönheit in Weiß

Der „ausstellungsfertige" Malteser ist ein wunderschöner Hund, der vor allem durch sein bodenlanges, schneeweißes und seidenweiches Haar besticht. Man darf allerdings nicht vergessen, dass hinter dieser Pracht eine lange Vorbereitungszeit und viel Arbeit steckt. Diese Mühe macht sich in der Regel nur der ambitionierte Aussteller. Die teilweise über bodenlange Pracht eines Champions ist allerdings alles andere als alltagstauglich: Der Hund kann damit nur schlecht herumtoben, bei einem Spaziergang bleiben Schmutz, Ästchen und Kletten hängen und behindern den Hund zusätzlich. Deshalb empfiehlt es sich, einem Malteser, der nicht auf Ausstellungen gehen soll, das Fell auf eine für den Hund bequeme Länge zu kürzen. Auch das Barthaar darf und sollte gekürzt werden, damit es den Hund nicht beim Fressen und Trinken behindert.

? Wie andere Rassen ohne Unterwolle verlieren Malteser kaum Haare im Haus.

Pflege

Manche Malteser neigen (wie viele andere Zwerghunderassen auch) zu starkem Tränenfluss. Hierdurch entstehen rötlichbraune Tränenstraßen. Es gibt (neben angeboren zu engen Tränenkanälen) verschiedene Ursachen: Nach innen gerichtete Wimpern können den Augapfel reizen (solche Wimpern müssen operativ entfernt werden), Fellhaare können das Auge reizen (solche Haare sollten ausgezupft (nicht abgeschnitten) werden).

VDH-Mitgliedsvereine
www.kleinhunde.de
www.malteserclub.com
www.deutscher-malteser-club.de

Zu wem passt der Malteser?			
Reiselustige	☺	☺	☺
Sportliche	☺		
Familien	☺	☺	
Gemütliche	☺	☺	☺

einfach | hoch | etwa 13 Jahre | eingeschränkt

Manchester Terrier

FCI-Standard-Nr. 71
Größe: Rüde 40–41 cm,
Hündin 38 cm
Gewicht: Rüde 9–13 kg,
Hündin 7,5–10 kg
Farbe: black and tan (schwarzloh)

Herkunft und Verbreitung: Der Manchester Terrier (MT) geht auf den alten Black and Tan Terrier zurück, der unter anderem mit Windhunden (wahrscheinlich Whippets) gekreuzt wurde. Sein Einsatzgebiet war vornehmlich die Rattenjagd.
Wesen: MT zeichnen sich durch Temperament, Mut und ein gewisses Misstrauen Fremden gegenüber aus. Wegen ihres impulsiven Temperaments sind sie keine Anfängerhunde. Der ideale Besitzer sollte stets ausgeglichen, souverän und konsequent sein. Bei der Erziehung vertragen MT keine harte Hand, Erziehungsfehler können kaum wieder ausgeglichen werden. Körperliche Gewalt verzeiht der Manchester nicht – ebenso wenig eignet er sich aber für antiautoritäre Erziehung. Die Intelligenz und Aktivität des Manchesters kann immer mal wieder eine Herausforderung für den Besitzer darstellen und verlangt eine Beschäftigung. Heute wird der schnelle und wendige Manchester zunehmend auf Agility-Turnieren geführt; er eignet sich aber ebenso für andere Einsatzgebiete. Lediglich eine Schutzhundeausbildung sollte unterbleiben.
Haltung: Gesundheitlich sind diese mittelgroßen, pflegeleichten Hunde unkompliziert. Durch das kurze Haarkleid ist der Manchester Terrier kälteempfindlich.

Das mag er	Das mag er nicht
Sport und Spiel, Aufmerksamkeit, Kuscheln	nasskaltes Wetter, körperliche Gewalt, Langeweile

! In den letzten Jahren ist die Verbreitung des Manchester Terriers in Deutschland gestiegen, derzeit werden um die 100 Welpen jährlich innerhalb des VDH eingetragen.

Zwei Seelen in einer Brust

Aufgrund seiner Terrier- und Windhund-Vorfahren hat der Manchester einen komplexen Charakter: Trotz seines terriertypisch schneidigen Temperaments kann er sehr anschmiegsam und sensibel sein – wie ein Windhund. Der ideale Besitzer hat deshalb gleichzeitig Fingerspitzengefühl und Führungsqualitäten.

Überlastung

MT sind temperamentvolle Hunde voller Bewegungsdrang. Als Besitzer muss man das Mittel zwischen Über- und Unterforderung halten. Pushen Sie Ihren Hund nicht zu sehr und nicht zu früh: In den ersten Lebensmonaten sollte er auf Treppen getragen werden; gehen Sie sportliches Training ebenfalls langsam an und festigen Sie im ersten Lebensjahr vor allem die Mensch-Hund-Bindung und den Grundgehorsam, etwa über Clickertraining. Vor allem bei Hunden, die leistungsmäßig geführt werden sollen, muss das Augenmerk auch auf Aufwärmtraining und Entspannungsphasen gerichtet sein, um frühzeitigen Verschleißerscheinungen zu begegnen.
Heute wird der MT zunehmend leistungsmäßig in Agility geführt – dabei sind Obedience, Trickdogging, Clickern, Rettungshunde- oder Fährtenarbeit ebenfalls geeignet und bergen nicht die Gefahr einer körperlichen und mentalen Überforderung. Probieren Sie einfach aus, was Ihrem Hund und Ihnen am meisten Spaß macht!

Hilfe von Profis

Mitunter können Situationen auftreten (vor allem in der Entwicklungsphase), in denen man Expertenrat benötigt. Viele fundierte Rasseinfos finden Sie unter www.manchester-terrier-deutschland.de Auf dieser Seite befindet sich außerdem die Manchester Terrier-Notvermittlung.

VDH-Mitgliedsvereine

www.kft-online.de
www.manchester-terrier.info

Das sollten Sie wissen

Manche MT reagieren empfindlich auf handelsübliches Fertigfutter, Gluten und Stärke. In vielen Fällen bewährt sich eine Umstellung auf selbst zubereitetes Roh-Futter.

Zu wem passt der Manchester?		
Reiselustige	☺	(☺)
Sportliche	☺	☺
Familien	☺	☺
Gemütliche	☺	☺

einfach | mittel | 9–12 Jahre | gut

Miniatur Bullterrier

FCI-Standard-Nr. 11
Größe: nicht über 35,5 cm
Gewicht: etwa 9–14 kg
Farbe: weiß. gestromt, schwarzgestromt, rot, rehbraun, tricolor, jeweils ohne oder mit weißen Abzeichen (der Farbanteil muss vorherrschen)

Herkunft und Verbreitung: Es gab immer schon kleinere Standard Bullterrier. Aus diesen Vertretern wurde der heutige Miniatur Bullterrier gezüchtet.
Wesen: Der Miniatur Bullterrier hat etwas Humorvolles, Clownhaftes an sich. Fast alle Bullis sind sehr menschenfreundlich, zärtlich und verspielt. Es gibt leichter gebaute Hunde vom Terrier-Typ (vor allem solche Hunde besitzen viel Temperament und Bewegungsfreude), andere entsprechen dem massiveren Bulldog-Typ. Nicht unterschlagen darf man, dass manche Bullis sich nicht gut mit gleichgeschlechtlichen Artgenossen vertragen, Rudelhaltung kommt also nicht für jeden Bulli in Frage. Achten Sie beim Kauf auf die Verträglichkeit der Elterntiere und eine gewissenhafte Sozialisierung der Welpen. Als Besitzer sollte man selbstsicher, verantwortungsbewusst und tolerant sein – oft wird man mit einem Bulli an der Leine in der Öffentlichkeit angefeindet.
Haltung: Im Mehrfamilienhaus sollten Sie vor dem Kauf die schriftliche Genehmigung des Vermieters und der anderen Mitparteien einholen.
Weiße Bullis können eine empfindliche Haut haben, mitunter können sie auch taub sein.

Das mag er	Das mag er nicht
liebevolle Zuwendung, Spielen, Kontaktliegen	ungerechte Behandlung, nasskaltes Wetter

Die Verbreitung des Miniatur Bullterriers ist in den letzten 10 Jahren deutlich gestiegen. Heute werden innerhalb des VDH etwa 350 Welpen jährlich gezüchtet.

Ernsthafte Clowns

Miniatur Bullterrier haben viele Facetten, können fröhlich, fast albern sein wie ein Clown, dann wieder verschmust und zärtlich, und schließlich auch etwas eigensinnig. Wenn es die Situation erfordert, sind sie hellwach und aufmerksam. Wichtig ist es, das richtige Maß zwischen Aktivität und Ruhephasen zu halten. Man kann Bullis sowohl überfordern als auch unterfordern (etwa durch langes Alleinlassen oder durch ständige Nichtbeachtung).
Miniatur Bullterrier sind sehr individuelle Hunde mit einem unglaublichen Charme, wer sie einmal ins Herz geschlossen hat, kommt nie wieder von ihnen los.

Beschäftigung

Miniatur Bullterrier sind agile und clevere Hunde – sie wollen sowohl psychisch als auch physisch gefordert werden. Je nach Typ lassen sie sich gut für Agility, Dogdancing, Flyball oder auch Fährtenarbeit motivieren. Probieren Sie einfach aus, wo die Stärken Ihres Mini Bullis liegen!

Standard Bullterrier und Miniatur Bullterrier teilen sich einen Rassestandard, lediglich die Schulterhöhe unterscheidet die beiden Rassen.

Sozialisierung

Wie bei allen Hunden ist eine gewissenhafte Sozialisierung auf Artgenossen und andere Tiere sehr wichtig. Sie muss bereits beim Züchter beginnen und sollte vom Besitzer fortgeführt werden.
Besuchen Sie möglichst auch eine Welpenschule (ideal ist eine Hundeschule, die Erfahrung mit Bullis hat), damit Ihr Hund vielfältigen Kontakt zu anderen Hunden hat, ohne schlechte Erfahrungen zu machen.

VDH-Mitgliedsvereine

www.dcbt.de
www.gb-f.de

Das sollten Sie wissen

Vor allem weiße Bullis können taub sein. In seriösen Zuchtclubs müssen alle Zuchttiere regelmäßig auf PLL (Linsenluxation, siehe Glossar) untersucht sowie audiometrisch (Hörtest, siehe Glossar) getestet werden. Auch Nierenversagen und Herzerkrankungen kommen vor.

Zu wem passt der Bulli?			
Reiselustige	☺	☺	
Sportliche	☺	☺	☺
Familien	☺	☺	☺
Gemütliche	☺	☺	

einfach | mittel | 12–14 Jahre | gut

Mops

FCI-Standard-Nr. 253
Größe: etwa 30 cm
Gewicht: 6,3–8,1 kg
Farbe: silber, apricot, hellfalb, jeweils mit schwarzer Maske; schwarz

Herkunft und Verbreitung: Die Vorfahren des Mopses stammen aus China. In Europa wird er seit vielen Jahrhunderten gehalten und erlebt seit einigen Jahren einen regelrechten Boom.

Wesen: Heute ist es „in" einen Mops zu halten, und tatsächlich sind diese putzigen Hunde wunderbare Gesellschafter. Gut gelaunt, freundlich und ausgeglichen begleiten sie ihren Besitzer gerne überallhin. Wer einmal einen Mops hatte, kommt kaum mehr von dieser charmanten Rasse los. Ein gesunder Mops ist sportlich und bewegt sich gerne; vor allem im jugendlichen Alter ist er von geradezu unbändigem Temperament (das es mitunter etwas zu zügeln gilt). Wie ein Menschenkind durchschaut der Mops halbherzige Erziehungsversuche sehr schnell. Bleiben Sie daher liebevoll, aber konsequent am Ball.

Haltung: Im Sommer muss der Mops vor extremer Hitze und praller Sonne geschützt werden. Mops-Augen sind (vor allem beim Welpen) empfindlich: Lassen Sie Ihren Mops nicht unter stacheligen Büschen oder in frisch gemähten Feldern stöbern und unterbinden Sie zu wilde Tobespiele. Ernähren Sie Ihren Hund artgerecht und achten Sie unbedingt auf seine Linie.

Das mag er	Das mag er nicht
Fressen, Spielen, freundliche Menschen	extreme Hitze, Übergewicht, lieblose Behandlung

! Möpse vertragen sich in der Regel sehr gut mit Artgenossen und anderen Tieren, eignen sich daher gut zur Rudelhaltung.

Belastungstest

Vereinzelte Möpse können unter dem BAS (siehe Glossar) leiden. Hierzu gehören folgende Merkmale: verengte Nasenlöcher, fehlgestaltete Nasenmuscheln, verdicktes und verlängertes Gaumensegel. All diese Merkmale können – je nach Ausprägung – zu Symptomen wie schnarchende Atmung, Atemnot bis hin zum Kollaps führen. Vor allem Überhitzung kann die Symptome bei betroffenen Hunden massiv verstärken. Übergewicht ist ein weiterer Risikofaktor. In extremen Fällen kann eine Operation nötig werden. Hunde mit Atembeschwerden dürfen nicht zur Zucht eingesetzt werden. Innerhalb der VDH-Rasseclubs (Adressen siehe unten) ist aus diesem Grund ein bestandener Belastungstest Pflicht für alle Zuchttiere. Zudem achten sorgfältige Züchter darauf, keine Hunde untereinander zu verpaaren, die sich stark in der Größe und im Körperbau unterscheiden, da dies zu problematischen Proportionen der Strukturen im Nasenrachen führen kann. Achten Sie bei der Züchterauswahl darauf, dass die Hunde im Zuchtbestand nicht überschwer (also weder zu fett, noch oberhalb der vom Rassestandard zulässigen Gewichtsgrenze) sind sowie gut geöffnete Nasenlöcher und keine überhängende Nasenfalte haben, fragen Sie außerdem nach dem bestandenen Belastungstest der Elterntiere.

Der Begleiter

Der Mops ist sehr aktiv und begleitet seinen Besitzer gerne auf langen Spaziergängen. Als jugendlicher Hund hat er oft ein überschäumendes Temperament und muss mitunter in gemäßigte Bahnen gelenkt werden. Halten Sie Ihren Mops gut trainiert und ernähren Sie ihn ausgewogen und maßvoll, um seine Mobilität nicht einzuschränken.

Pflege

Die Ohren müssen regelmäßig kontrolliert, die Gesichtsfalten regelmäßig gereinigt und getrocknet werden.

VDH-Mitgliedsvereine

www.kleinhunde.de
www.mopsclub.de

Das sollten Sie wissen

Bei Möpsen tritt – vor allem beim jugendlichen Hund – immer wieder einmal erbliche Demodikose (siehe Glossar) auf.

Zu wem passt der Mops?			
Reiselustige	☺		
Sportliche	☺		
Familien	☺	☺	☺
Gemütliche	☺	☺	☺

mittel | hoch | 13–14 Jahre | eingeschränkt

Norwich Terrier und Norfolk Terrier

FCI-Standard-Nr. 72 (Norwich Terrier), 272 (Norfolk Terrier)
Größe: 25–26 cm
Gewicht: etwa 5–6 kg
Farbe: rot, weizen, schwarzloh, grizzle

Herkunft und Verbreitung: Die Vorfahren dieser kleinen Terrier wurden in England zur Ratten- und Mäusejagd eingesetzt.
Wesen: Norwich und Norfolk Terrier sind ausgesprochen menschenfreundliche und anhängliche kleine Terrier. Sie eignen sich gut als Familien- und Begleithunde. Mit Kindern verstehen sich die fröhlichen und verspielten Hunde in der Regel sehr gut, man muss allerdings die sehr kleinen Welpen vor zu ungestümen Kleinkindern etwas beschützen. Auch müssen natürlich die Kinder lernen, dass der Hund respektiert werden muss. Am besten eignen sie sich daher (wie die meisten sehr kleinen Rassen) für Kinder ab dem Kindergartenalter. Beide Rassen sind auch verträglich mit Artgenossen und lassen sich gut zu mehreren halten. Sie sind keine Schoßhunde, sondern recht robuste Kerlchen, die auch Ausflüge bei Wind und Wetter schätzen.
Haltung: Durch ihre Größe (beide Terrier gehören zu den kleinsten Hunderassen) eignen sich beide Rassen gut für die Haltung in beengten Verhältnissen. Das dichte Rauhaar sollte mehrmals jährlich getrimmt (nicht geschoren) werden.

Foto: Norfolk Terrier

Das mag er	Das mag er nicht
Spielen und Toben, Pfützen	antiautoritäre Erziehung, respektlose Behandlung

! Seriöse Züchter geben Welpen beider Rassen nicht vor der 10. Lebenswoche ab.

Naturbursche

Das drahtige Deckhaar erfordert gelegentliches Trimmen, um diese kleinen Terrier gepflegt und pflegeleicht zu halten. Anders als bei den meisten anderen drahthaarigen Terrierrassen gibt es jedoch kein typisches Styling – nicht zuletzt deshalb werden sie von Passanten auch oft als niedliche Mischlinge angesehen. Diese kleinen Naturburschen sollen auch „zurechtgemacht" aussehen, als seien sie nicht zurechtgemacht. Sie sind keine Rassen für Menschen, die Wert auf protzige Statussymbole legen – sondern eher auf Understatement. Trotz ihrer geringen Körpergröße sind Norfolk und Norwich Terrier „ganze Kerle" und begleiten ihren Besitzer freudig und ausdauernd auch auf langen Wanderungen. Notfalls können Sie auch problemlos in einem hundegeeigneten Rucksack getragen werden. In der freien Natur fühlen sie sich wohler als auf einem Designer-Sofa.

! Ursprünglich war der Norfolk Terrier nur die kippohrige Varietät des Norwich Terriers, erst ab 1964 wurden die beiden als getrennte Rassen gezüchtet.

VDH-Mitgliedsvereine

www.kft-online.de

Das sollten Sie wissen

Beim Norwich Terrier kommt das „Obere Luftwegssyndrom" vor, das zu Atembeschwerden unterschiedlicher Schweregrade führen kann. Durch die Zucht auf einen relativ kurzen Körper kommt es beim Norwich Terrier vereinzelt zu Geburtsproblemen.

Wie die meisten Terrier haben auch Norwich und Norfolk Terrier – trotz ihres putzigen Aussehens – einen starken Charakter. Sie dürfen nicht verzärtelt oder ohne klare Linie aufgezogen werden. Als Terrier-Besitzer sollte man natürliche Führungsqualitäten und einen ausgeprägten Gerechtigkeitssinn besitzen. Zudem sollte man gut Maß halten können und den Hund weder unter- noch überfordern.

Zu wem passen die Terrier?

Reiselustige	☺	☺	☺
Sportliche	☺	☺	☺
Familien	☺	☺	☺
Gemütliche	☺	☺	

 aufwendig |  gering |  14–15 Jahre |  eingeschränkt

Pekingese, Peking-Palasthund

FCI-Standard-Nr. 207
Größe: etwa 18–20 cm
Gewicht: Rüden nicht über 5 kg, Hündinnen nicht über 5,4 kg
Farbe: alle Farben und Zeichnungen außer leberfarben und Albinos

Herkunft und Verbreitung: Peken wurden schon vor Jahrhunderten in China als sogenannte „Ärmelhündchen" gehalten. Sie mussten nie einen bestimmten Zweck erfüllen, sondern sind seit jeher reine Gesellschaftshunde.
Wesen: Der Pekingese ist unabhängig und selbstbewusst, dabei auch zärtlich und spielfreudig. Sind Sie ein verständnisvoller, eher gemächlicher Mensch, so könnte ein Pekingese ausgezeichnet zu Ihnen passen: Der anschmiegsame Individualist braucht nicht allzu viel Auslauf und möchte einfach an Ihrer Seite sein. Er verlangt keine sportliche Auslastung wie viele andere Rassen, sondern ist mit Such- und Bringspielen gut zu beschäftigen.
Haltung: Sein Fell erfordert viel Pflege, und auch sämtliche Körperöffnungen müssen täglich kontrolliert und gegebenenfalls gesäubert werden. Kontrollieren Sie sein Gewicht; setzen Sie ihn im Zweifelsfall auf die Waage, da das üppige Fell so manches Pölsterchen kaschiert. Peken, vor allem übergewichtige, neigen zu Bandscheibenvorfällen. Treppensteigen ist tabu! Auch Atembeschwerden (BAS, siehe Glossar) und Augenverletzungen kommen vor.

Das mag er	Das mag er nicht
liebevolle Zuwendung, Respekt	Hektik, Treppensteigen

Innerhalb des VDH werden jährlich etwa 50 Welpen eingetragen.

Stubenreinheit

Auch ein Pekingese kann Stubenreinheit lernen. Manchmal wird empfohlen, ihn an ein Katzenklo zu gewöhnen – dies ist allerdings keine artgerechte Lösung. Gehen Sie vor allem zu Beginn alle zwei Stunden mit dem Welpen hinaus (auf jeden Fall sofort, nachdem er aufgewacht ist und nach jedem Fressen).

Altweiberhund?!

Der Pekingese hat das Image eines „Oma-Hundes“. Das liegt mit daran, dass er in manchen Filmen so dargestellt wird, nur auf dem Sofa sitzt und sich mit Pralinen füttern lässt. Dabei ist der Pekingese ein Hund mit vielen Qualitäten. Er ist ruhig und gelassen (oft wird er als würdevoll beschrieben) und schließt sich sehr eng an seinen Besitzer an (neigt sogar etwas zur Eifersucht). Er braucht zwar regelmäßige Bewegung, ist aber mit gemächlichen Spaziergängen zufrieden und muss nicht auf dem Hundeplatz oder bei langen Fahrrad- oder Bergtouren ausgepowert werden.

Pflege

Gewöhnen Sie Ihren Peken früh an die Pflegeprozedur, denn ein sich wehrender und windender Hund kann das Bürsten unmöglich machen. Tägliches Bürsten (vor allem während des Wechsels vom Welpenfell zum Erwachsenenhaarkleid) ist unerlässlich. Vernachlässigt verfilzt das Fell rasch, schlimme Hautentzündungen können die Folge sein.

VDH-Mitgliedsvereine

www.1dpc.de
www.internationalerclub1920ev.de

Das sollten Sie wissen

Wie alle kurznasigen Rassen kann auch der Pekingese unter dem BAS leiden (siehe Glossar und Mops, Seite 76). Achten Sie beim Welpenkauf darauf, dass die Hunde eines Züchters nicht bereits im Ruhezustand ständig schnarchen.

Oft liest man, dass Pekingesen sich nicht für Familien eignen. Dies stimmt nicht: Wächst ein Pekingese mit freundlichen Kindern auf, die seine „Privatsphäre“ respektieren, dann ist er durchaus ein kinderlieber und verspielter Hund.

Zu wem passt der Pekingese?

Reiselustige	☺	☺	
Sportliche	☺		
Familien	☺	☺	
Gemütliche	☺	☺	☺

mittel	hoch	bis 15 Jahre	eingeschränkt

Petit Basset Griffon Vendéen

FCI-Standard-Nr. 67
Größe: 34–38 cm +/- 1 cm
Gewicht: 12–16 kg
Farbe: weiß-schwarz, weiß-orange, tricolor, sandfarben, schwarz gewolkt mit weiß

Herkunft und Verbreitung: Der französische Laufhund wurde und wird in seiner Heimat zur Meutejagd, vor allem auf Hasen eingesetzt, in Deutschland wird er als Familienhund gehalten.
Wesen: Als Meutenjagdhunde gliedern sich Petit Bassets sehr gut in ihr Familienrudel ein, sind verträglich und freundlich. Sie passen sich ihrer Familie in allen Lebenslagen an. Probleme bereiten mitunter der stark ausgeprägte Jagdtrieb sowie eine gewisse Eigensinnigkeit. Somit eignen sich Petit Bassets nur bedingt als Anfängerhunde. Ihre Erziehung sollte konsequent und nachdrücklich, dabei aber immer freundlich sein. Als Laufhunde sind sie sehr bewegungsfreudig, dazu kommt ein quicklebendiges und gewitztes Temperament – sie sind manchmal richtige Clowns.
Haltung: Das Fell wird bei Bedarf getrimmt (oft wird es allerdings auch naturbelassen). Die Schlappohren sollten regelmäßig auf Entzündungen kontrolliert werden, nach jedem Spaziergang sollte man Ohren und auch die Pfoten auf Fremdkörper absuchen. Während des Wachstums sollte der Petit Basset keine Treppen steigen und körperlich keinesfalls überfordert werden, der erwachsene Hund darf und soll sich hingegen ausgiebig bewegen. Generell gilt die Rasse als robust und gesund.

Das mag er	Das mag er nicht
Spuren verfolgen, laufen, freundliche Menschen	langes Stillsitzen

! Jährlich fallen in Deutschland um die 100 Welpen innerhalb des VDH. Neben dem Petit gibt es auch den größeren Grand Basset Griffon Vendéen.

Verträgliche Meutehunde

Als ursprüngliche Meutehunde sind die Petit Bassets ausgesprochen verträglich mit Artgenossen. Sie eignen sich also prinzipiell zur Haltung mit anderen Hunden – allerdings muss man dabei auch bedenken, dass eine Meute noch mehr dazu neigt, auf die Jagd zu gehen als es ein einzelner Hund sowieso schon tut. Freilauf ist deshalb bei einem einzelnen Hund nur bei sehr gutem Gehorsam und enger Hund-Mensch-Bindung möglich; bei mehreren Laufhunden verbietet sich Freilauf in den meisten Gegenden von selbst.

Erziehung

Petit Bassets sind sehr menschenfreundliche Hunde – eine entsprechende Sozialisierung natürlich immer vorausgesetzt. Sie eignen sich kaum als Wachhunde, da sie in der Regel jeden Besucher freundlich begrüßen. Dies darf jedoch nicht darüber hinwegtäuschen, dass sie sensible Dickköpfe sein können. Man muss sie mit liebevollem Nachdruck erziehen, sonst werden sie schnell „besitzertaub“ (ähnlich wie kleine Kinder, die sehr schnell merken, was ihre Eltern ihnen durchgehen lassen und was nicht). Petit Bassets sind sehr aktive, unternehmungslustige Hunde. Sie eignen sich vor allem für Hundesportarten, bei denen sie etwas (oder jemanden) aufstöbern können, also Fährtenarbeit, Mantrailing, Flächensuche etc. Manche Petits finden auch Gefallen an Agility und Obedience, wobei hier das Hauptaugenmerk auf dem Spaß an der Sache liegen sollte, für sehr ehrgeizige Hundesportler eignet sich eine andere Rasse sicherlich besser.

VDH-Mitgliedsvereine

www.cbgvev.de
www.laufhunde.eu

Das sollten Sie wissen

Kontrollieren Sie täglich die Ohren: Bei Verdacht auf Entzündungen (Sekretbildung, unangenehmer Geruch, Schmerzen oder ständiges Schütteln) stellen Sie den Hund einem Tierarzt vor.

Zu wem passt der Petit Basset?			
Reiselustige	☺	☺	
Sportliche	☺	☺	☺
Familien	☺	☺	☺
Gemütliche	☺		

aufwendig	mittel	14–17 Jahre	gut

Pudel

FCI-Standard-Nr. 172
Größe: Toypudel: unter 28 cm, Zwergpudel: 28–35 cm, Kleinpudel: 35–45 cm
Gewicht: Toypudel: mind. 2–4 kg, Zwergpudel: 5–7 kg, Kleinpudel: 8–12 kg
Farbe: schwarz, weiß, braun, silber, apricot, rot

Herkunft und Verbreitung: Der Pudel geht auf französische Wasserhunde zurück, seit vielen Generationen wird er allerdings nicht mehr als Jagd-, sondern als Haus- und Begleithund geschätzt.
Wesen: Für seine Liebhaber ist er der intelligenteste und treueste Hund überhaupt, für andere Menschen ist er der Inbegriff des vermenschlichten, künstlichen Schoßhundes. In Wahrheit sind Pudel sportliche, fröhliche Hunde, die leicht zu erziehen und in aller Regel frei von Aggressionen sind. Toypudel sind nur eingeschränkt für den turbulenten Alltag mit Kleinkindern geeignet, da sie sehr zart und mitunter auch sensibel sind. Pudel sind meist sehr stark auf ihren Besitzer fixiert, begegnen aber bei entsprechender Sozialisierung auch anderen Menschen freundlich und aufgeschlossen.
Haltung: Die Fellpflege ist einer der wenigen Punkte, über die man sich vor der Anschaffung rassespezifisch Gedanken machen sollte. Ein Besuch im Hundesalon alle 6 Wochen ist beim Pudel ein Muss. Vereinzelt tritt Epilepsie auf. Mit den vielen bis ins hohe Alter lebhaften und gesunden Vertretern gehört der Pudel aber generell zu den langlebigsten Rassen überhaupt.
Foto: Zwergpudel

Das mag er	Das mag er nicht
Bewegung, Kopfarbeit	ungerechte Behandlung, Pflegemuffel

! Manche Pudel können sehr bellfreudig sein, wenn sie nicht von klein auf erzieherisch in ihre Schranken verwiesen werden.

Kluge Pudel

Pudel sind für jeden Schabernack zu haben, und machen jede Freizeitaktivität mit. Nicht umsonst sind Pudel beliebte Zirkushunde! Sie eignen sich hervorragend für alle Hundesportarten, bei denen es auf Intelligenz und Interaktion von Hund und Mensch ankommt, wie etwa Agility, Dogdancing, Trickdogging oder Obedience.

Krankheitsvorbeugung

Ungepflegte Pudel verfilzen in kürzester Zeit, und dies sieht nicht nur hässlich aus, sondern führt auch sehr schnell zu Hauterkrankungen, Parasitenbefall und unangenehmem Geruch.
Stoffwechselstörungen wie Diabetes sowie Zahnprobleme gehen in vielen Fällen auf Haltungs- und Ernährungsfehler (Überfütterung, Süßigkeiten) zurück. Ernähren Sie Ihren Pudel artgerecht, lassen Sie ihn ab dem Erwachsenenalter auch ab und zu Kauknochen oder mal eine rohe Karotte nagen, um Zahnstein vorzubeugen.

Vereinzelt treten Augenerkrankungen wie Katarakt und PRA (siehe Glossar) auf. In seriösen Zuchtclubs (Adressen siehe unten) sind entsprechende Augenuntersuchungen für Zuchttiere Pflicht.
Bei weißen und apricotfarbenen Toy- und Zwergpudeln können verlegte Tränenkanäle zu braunen Tränenstraßen unter den Augen führen.
Pudel gehören zu den Rassen, die auch für viele Allergiker geeignet sind, da sie keine Haare verlieren. Außerdem verbreitet ein gesunder Pudel unter normalen Umständen auch kaum Hundegeruch.

VDH-Mitgliedsvereine
www.pudelclub-adpev.de
www.pudel-klub.de
www.pzv82.de
www.pudelfreunde.de

? In Deutschland werden neben den Standardfarben auch die Neufarben harlekin (schwarz-weiß gescheckt) sowie black and tan (schwarzloh) gezüchtet. Diese Farbschläge sind nicht international anerkannt.

Zu wem passt der Pudel?			
Reiselustige	☺	☺	(☺)
Sportliche	☺	☺	☺
Familien	☺	☺	☺
Gemütliche	☺	☺	

einfach	mittel	12–15 Jahre	ja

Ratonero Mallorquín (Ca Rater Mallorquín)

Nicht FCI-anerkannt
Größe: Rüde 32–36 cm, Hündin 29–33 cm
Gewicht: Rüde 3,5–5 kg, Hündin 3–4 kg
Farbe: schwarz-rot oder (seltener) braunrot, mit oder ohne weiße Abzeichen

Herkunft und Verbreitung: „Rattler" gibt es in vielen Ländern schon seit Jahrhunderten. In Spanien entwickelten sie sich parallel auf dem Festland und auf den Balearen-Inseln.

Wesen: Neben seiner Funktion als Ratten- und Kaninchenjäger wird der Ca Rater gerne auch als Haushund gehalten – immer schon war er neben seinem Hauptberuf als Rattenfänger der Spielgefährte der Kinder des Hauses. Und natürlich ersetzte er in so manchem Haus die Türglocke: „Perro de Puerta" („Türhund") war in Spanien eine geläufige Bezeichnung für diese Art lebendiger Türklingel. Der Ca Rater ist sehr wachsam, jedoch ohne übertriebene Schärfe. Seine außerordentliche Bellfreudigkeit hat er sich bis heute erhalten. Vernachlässigt man diesen Punkt bei der Erziehung, kann das vor allem bei der Haltung in einer Etagenwohnung zu nachbarschaftlichen Differenzen führen!

Haltung: Rateros sind pflegeleicht und robust, allerdings etwas kälteempfindlich. Wie alle kurzhaarigen Hunde sollten sie bei nasskaltem Wetter nicht bewegungslos im Freien ausharren müssen.

Das mag er	Das mag er nicht
Bellen, Jagen, seine Menschen	nasskaltes Wetter, Langeweile

? Die Rute wird in Spanien leider noch bis auf den letzten Wirbel kupiert, es gibt auch Welpen, die schwanzlos auf die Welt kommen.

Bodenständige Fangemeinde

Der Ca Rater ist ein kleiner Hund. Dennoch wirkt er recht vierschrötig und robust. Natürlich weiß man nicht, ob dies auch so bleibt, wenn die Rasse erst einmal die offizielle Anerkennung und das Interesse eines breiteren Publikums erreicht hat.

Der mallorquinischer Rattenfänger

Kleine, rattenfangende Hunde haben in Spanien Tradition. Sie heißen – je nach Dialekt – Ratero, Ratonero, Rater oder Ratador. Viele Provinzen haben ihre eigenen „Rateros“: In Andalusien gibt es den Ratonero Bodeguero Andaluz (der ein wenig an den Parson Russell Terrier erinnert), in der Gegend um Valencia kennt man den Gos Ratador Valencià und auf Mallorca eben den Ca Rater Mallorquín. Der valenzianische und der mallorquinische Ratero unterscheiden sich kaum voneinander; viele spanische Kynologen halten sie für ein und dieselbe Rasse. Der eine verbreitete sich eben auf dem Festland, der andere auf der Insel. Als Ausgangsrasse für den Ratero vermutet man kleine Podencos, die statt Kaninchen vor allem Ratten jagten. Ein starker Einfluss wird ab dem 17. Jahrhundert auch kleinen englischen Terriern zugeschrieben (zum Beispiel dem Black and Tan Toy Terrier). Übrigens diente die Jagd auf Kleinnager um Valencia und auf Mallorca beileibe nicht nur der Schädlingsbekämpfung – eine spezielle, hier vorkommende Schermaus-Art (die in der Landessprache „Rata de la Albufera“ und in Deutschland „Wasserratte“ genannt wird) galt bis vor nicht allzu langer Zeit als Leckerbissen und wurde sowohl als Vorspeise als auch Bestandteil verschiedener Hauptgerichte zubereitet! Die Jäger gingen mit ihren Rateros an Flussböschungen, in Schilfdickichten und Lagunen auf Rattenfang. Heute werden auf Mallorca keine Wasserratten mehr verspeist; der Ca Rater wurde aber dennoch nicht arbeitslos: Viele Jäger setzen ihn auf Kaninchen an, und er bewährt sich vor allem in steilem Gelände und bei dichter Vegetation.

Homepage des spanischen Rasseclubs:
www.clubcaratermallorqui.com
Es gibt neben der spanischen auch eine englische Version, man findet neben Züchterkontakten auch Informationen über die Rasse und Veranstaltungen rund um den Ratero.

Zu wem passt der Ratonero?			
Reiselustige	☺	☺	
Sportliche	☺	☺	☺
Familien	☺	☺	☺
Gemütliche	☺	☺	

einfach | hoch | 12–15 Jahre | eingeschränkt

Russischer Toy Terrier (Russkiy Toy)

FCI-Standard-Nr. 352
Größe: 20–28 cm (+/- 1cm)
Gewicht: bis zu 3 kg
Farbe: schwarz mit loh, braun mit loh, blau mit loh, rot in jeder Schattierung mit oder ohne braune Wolkung

Herkunft und Verbreitung: Der Russische Toy Terrier geht auf Englische Toy Terrier zurück, die sich vor etwa 100 Jahren in Russland großer Beliebtheit erfreuten. Im Laufe der Zeit entwickelte sich eine separate Rasse, deren Standard sich in einigen Punkten von dem des englischen Verwandten unterscheidet. So ist zum Beispiel beim Russischen Toy Terrier auch eine langhaarige Varietät zugelassen, außerdem ist das Spektrum der zulässigen Fellfarben vielfältiger.

Wesen: Der früher auch als Moskauer Toy Terrier bekannte Ruskiy ist ein sehr lebhafter, aufgeweckter und wachsamer Hund. Er erfordert trotz seiner Zartheit eine sorgfältige und konsequente Erziehung sowie eine sorgfältige Sozialisierung bereits beim Züchter, um seine positiven Eigenschaften voll zu entfalten.

Haltung: Die Haarfransen der Langhaar-Variante werden regelmäßig gekämmt. Achten Sie auf eine artgerechte Ernährung und sorgen Sie für tägliche ausgiebige Bewegung an der frischen Luft. Auch kaltes Wetter schadet Ihrem Toy nicht, solange er sich bewegt.

Foto: Kurzhaar-Variante

Das mag er	Das mag er nicht
Bewegung, ausgeglichene Menschen	ständig auf dem Arm getragen werden

! Größere und stabilere Toys eignen sich für etwas sportlichere Besitzer, die sehr kleinen sind nichts für Familien mit Kleinkindern.

Sportliches Fliegengewicht

Der schlanke, fast filigrane Zwergterrier ist bewegungsfreudig, muss aber vor allem im Welpenalter überwacht werden:

- Behalten Sie immer – im Alltag und bei sportlichen Aktivitäten – die geringe Körpergröße im Auge.
- Sprünge aus großer Höhe (über 40 cm) sind für Welpen tabu.
- Lassen Sie den Welpen nie von kleinen Kindern umhertragen.
- Auch freundschaftliches Spielen mit großen Hunden kann zu Verletzungen führen – z. B., wenn der Schäferhund oder der Boxer einmal versehentlich auf den jungen Toy Terrier tritt.
- Lassen Sie den Welpen erst ab einem halben Jahr Treppen herab steigen. Bis er es selber sicher kann, führen Sie ihn auf Treppen an der Leine.
- Sorgen Sie für täglichen ausgiebigen Auslauf, um den Bewegungsapparat zu trainieren, vermeiden Sie jegliches Übergewicht bei Ihrem Hund.

Beachtet man dies, bleibt der Toy Terrier meist lange gesund an Hüfte und Gelenken.

Mini-Toys

Der Rassestandard hat eine recht große Spanne in punkto Größe: Die Toleranz mit eingerechnet, sind Toy Terrier von 19–29 cm Schulterhöhe zugelassen. Eine Gewichtsgrenze gibt es nur nach oben (3 kg), nicht nach unten, so dass theoretisch auch sehr kleine und leichte Hunde erlaubt sind. Auch wenn sie noch so niedlich sind: Meiden Sie unbedingt Zuchten, die mit extrem kleinen ausgewachsenen (unter 2 kg) Hunden werben. Solche Mini-Zwerge haben eher gesundheitliche Probleme als Hunde mit moderater Größe, sehr leichte Hündinnen haben häufiger Problemgeburten.

VDH-Mitgliedsvereine
www.kleinhunde.de

! Innerhalb des VDH wird die Rasse erst seit 2008 gezüchtet. Seit 2011 wird die Rasse vom Verein Deutscher Kleinhundezüchter (VK) betreut.

Zu wem passt der Russkiy Toy?			
Reiselustige	☺	☺	☺
Sportliche	☺	(☺)	
Familien	☺	(☺)	
Gemütliche	☺	☺	

einfach | hoch | 13–16 Jahre | gut

Schipperke

FCI-Standard-Nr. 83
Größe: etwa 34 cm
Gewicht: 3–9 kg (angestrebt werden 4–7 kg)
Farbe: schwarz

Herkunft und Verbreitung: Der Schipperke soll die gleichen Vorfahren wie die großen belgischen Schäferhunde haben. Er wurde unter anderem als Wachhund und als Mäuse- und Rattenjäger eingesetzt, heute wird er in erster Linie als Gesellschaftshund gehalten.

Wesen: Schipperkes sind aktive, anhängliche und gelehrige Hunde. Sie sind eigentlich keine Kleinhunde, sondern Schäferhunde im Kleinformat. Dies gilt es vor der Anschaffung zu beachten, denn sie eignen sich nicht als reine Schoß- oder Kuschelhunde, sondern brauchen eine Aufgabe, die sie mit allem Ernst und Eifer ausführen können. Der Schipperke ist wachsam, furchtlos und beschützt zuverlässig ihm anvertrautes Hab, Gut und Haus. Dies müssen Sie im Hinterkopf behalten, wenn Sie ein „offenes Haus" führen und den Hund dazu erziehen, fremde Besucher zu dulden, wenn Sie dies wünschen.

Haltung: Das dichte Stockhaar mit der vor allem bei Rüden ausgeprägten Halskrause („Mähne") ist pflegeleicht, allerdings kann der Schipperke während des Haarwechsels erhebliche Mengen Unterwolle abstoßen (die Hausfrau sollte also nicht zu pingelig sein). Die kleinen Welpen dürfen körperlich nicht überfordert werden, auf Treppen sollte man sie tragen. Generell gelten Schipperkes als gesundheitlich robust und langlebig, ganz vereinzelt tritt Epilepsie auf.

Das mag er	Das mag er nicht
arbeiten, aufpassen	wie ein Schoßhund behandelt werden

! Früher wurden Schipperkes an der Rute kupiert, heute fallen nur ganz vereinzelt schwanzlose Welpen.

Sporthund im Kleinformat

Der Schipperke ist der ideale Hund für Menschen, die aus Platzgründen keinen Schäferhund halten können, auch für rüstige ältere Leute, die keinen großen Hund mehr halten möchten. Er ist gelehrig und arbeitswillig, eignet sich hervorragend für fast alle Sparten des Hundesports (natürlich seiner Größe entsprechend angepasst). Beispiele für geeignete Sportarten sind:

- Agility: Die am besten geeignete Sportart für den temperamentvollen Schipperke. Wird in verschiedene Größenklassen eingeteilt, Schipperke starten in der Regel in „Small“, manchmal auch in „Medium“ (je nach Schulterhöhe).
- Obedience: Hierzu gehören die Grundkommandos, Apportierarbeit, Kontrolle des Hundes auf Distanz sowie Geruchsidentifikation.
- Rettungshundearbeit: Verlangt sowohl Hund als auch Besitzer einiges an Belastbarkeit, Nervenstärke und Arbeitswillen ab.

Viele weitere Informationen zu verschiedenen Hundesportarten sowie Adressen finden Sie auf der Homepage des Deutschen Hundesportverbandes: www.dhv-hundesport.de

Verbreitung

Schipperke gehören in Deutschland zu den seltenen Rassen, in den letzten Jahren wurden durchschnittlich nur etwa 20 Welpen pro Jahr innerhalb des VDH gezüchtet. In ihrem Heimatland Belgien und auch in Frankreich ist die Rasse etwas verbreiteter.

VDH-Mitgliedsvereine
www.kleinhunde.de

? In fast allen Ländern ist die einzig anerkannte Fellfarbe des Schipperke schwarz. Vereinzelt fallen gelbe Welpen, diese sind allerdings nur in England anerkannt.

Zu wem passt der Schipperke?			
Reiselustige	☺	☺	(☺)
Sportliche	☺	☺	☺
Familien	☺	☺	☺
Gemütliche	☺		

hoch	mittel	etwa 12 Jahre	eingeschränkt

Scottish Terrier (Scotch Terrier, Schottischer Terrier)

FCI-Standard-Nr. 73
Größe: 24,5–28 cm
Gewicht: 8,6–10,4 kg (meist etwas schwerer)
Farbe: schwarz, weizenfarben, gestromt in jeder Schattierung

Herkunft und Verbreitung: Der kleine Scottie stammt vermutlich aus den Mooren von Rannoch und den Hügeln von Perthshire. Er war früher ein rauer Jagdhund, der Fuchs, Dachs und Otter – also sehr wehrhafte Gegner – stellte. Seit vielen Generationen wird der Scottie fast ausschließlich als Haus- und Familienhund gehalten, in den 1930er–40er Jahren war er sogar ein richtiger Modehund. Als Jagdhunde findet man Scottish Terrier heute nur noch vereinzelt, vor allem in den ehemaligen Ostblockländern.

Wesen: Scottish Terrier haben etwas Kauziges, mitunter Clownhaftes an sich. Dabei sind sie aber keine Schoßhunde, sondern brauchen Freiraum und möchten nicht permanent geherzt werden. Der Scottie verschenkt seine Zuneigung nicht allzu freigebig, schon gar nicht an Fremde. Er hängt an seiner Familie, fühlt sich aber auch mit einer einzigen Bezugsperson wohl – sofern er nicht zu lange allein bleiben muss. Trotz der kurzen Beine ist er bewegungsfreudig und hat Spaß an moderaten sportlichen Aktivitäten.

Haltung: Das Fell muss mindestens 2-mal pro Woche gebürstet und alle drei Monate getrimmt werden, denn durch das Trimmen wird das Fell wetterfest und schmutzabweisend, und er haart auch recht wenig.

Das mag er	Das mag er nicht
Löcher buddeln, Fressen, respektvolle Behandlung	bedrängt werden, herumgeschubst werden

Seit vielen Jahren werden jährlich zwischen 200 und 300 Welpen innerhalb des VDH eingetragen.

Pflege

Wie alle drahthaarige Terrier muss auch der Scottie regelmäßig getrimmt werden, um rassetypisch auszusehen. Ein getrimmter Scottie ist auch wesentlich pflegeleichter als ein ungetrimmter. Das fachgerechte Trimmen können Sie entweder selbst lernen oder ihren Hund dafür zum Züchter oder in einen auf Terrier spezialisierten Hundesalon bringen (Adressen geeigneter Salons bekommen Sie entweder von Ihrem Züchter oder vom Rasseklub). Da die Körperunterseite auch bei getrimmten Hunden länger belassen wird, sollte er nach dem Spaziergang durchgebürstet bzw. bei Matschwetter mit lauwarmem Wasser abgebraust und danach abgetrocknet werden.

Persönlichkeit

Der Scottie ist ein Hund mit Persönlichkeit: Er ist nicht so quecksilbrig wie manch andere Terrierrasse, hat aber dennoch Schneid (und sein Gebiss ist überraschend kräftig für einen so kleinen Hund). Er ist kein streitlustiger Hund, geht aber einer Provokation nicht unbedingt immer aus dem Weg. Zu Hause ist er unauffällig und heischt nicht dauernd um Aufmerksamkeit. Er wirkt manchmal fast wie ein kleiner Professor, der seinen eigenen Gedanken nachhängt. Unterwegs ist er ein mobiler und ausdauernder Begleiter bei vielen Unternehmungen.

Viele Leute wissen nicht, dass es auch weizenfarbige und gestromte Scotties gibt.

VDH-Mitgliedsvereine

www.kft-online.de

Förderverein:
www.scottieinfo.de

Notvermittlungsstelle:
www.scotch-terrier-in-not.de

Das sollten Sie wissen

Manche Scotties neigen zu Blasensteinen, auch Blasenkrebs kommt in manchen Linien häufiger als bei anderen Rassen vor. Man kennt außerdem die nach dieser Rasse bekannten „Schotten-Krämpfe“, dies sind anfallsartige Muskelkrämpfe, die meist durch Stress-Situationen ausgelöst werden, heute allerdings nur noch selten vorkommen.

Zu wem passt der Scottish Terrier?			
Reiselustige	☺	☺	
Sportliche	☺	☺	
Familien	☺	☺	☺
Gemütliche	☺	☺	

aufwendig | mittel | 10–14 Jahre | gut

Sealyham Terrier

FCI-Standard-Nr. 74
Größe: nicht über 31 cm
Gewicht: Rüde etwa 9 kg,
Hündin etwa 8,2 kg
Farbe: weiß mit oder ohne gelbe, braune, blaue oder dachsfarbene Markierungen an Kopf und Ohren

Herkunft und Verbreitung: Der Sealyham Terrier entstand in der Mitte des 19.Jhdts in Wales zur Jagd auf Dachs und Otter. Die Leistungsauslese soll sehr streng gewesen sein, sodass ängstliche oder unverträgliche Hunde gar nicht erst in die Zucht gelangten. Heute wird die Rasse kaum noch zur Jagd eingesetzt, er wird von einer kleinen, aber treuen Fangemeinde als Haus- und Begleithund geschätzt.
Wesen: Sealys sind selbstbewusste und freundliche Hunde mit einem Hang zur Unabhängigkeit. Er gilt als „Clown unter den Terriern" und ist eher ein Hund für Individualisten mit Hundeerfahrung als für Gehorsamsfanatiker. Er braucht eine konsequente, aber gerechte Erziehung von Welpenbeinen an, um seine angenehmen Eigenschaften voll entfalten zu können. Für einen kleinen Hund hat er eine kräftige Stimme, die er auch gerne einsetzt. Sein Bewegungsdrang hält sich in Grenzen, wobei er nicht unsportlich ist. Wie die meisten Terrier liebt er es, den Garten umzugraben.
Haltung: Das raue Haar wird regelmäßig getrimmt und muss sorgfältig gebürstet werden, da es zum Verfilzen neigt.

Das mag er	Das mag er nicht
Spiel und Spaß, respektvolle Behandlung und Erkundungstouren	Zwang, Langeweile, eingesperrt sein

! Der Sealyham Terrier gilt als gesunde Hunderasse ohne rassetypische Erkrankungen. Vermeiden Sie Übergewicht bei Ihrem Sealyham.

Erziehung

Sealyhams passen am besten zu Menschen mit natürlichen Führungsqualitäten: Der ideale Besitzer ist gerecht, strahlt innere Ruhe aus und weiß sich mit ruhiger Konsequenz durchzusetzen. Sealyhams werden zwar seit vielen Generationen auch auf die Eignung als Begleithund selektiert, dennoch können sie auch heute noch eine ganze Portion Schneid und terriertypische Eigenwilligkeit an den Tag legen.

Temperament

Ähnlich wie der bekanntere Scottish Terrier gehört auch der Sealyham zu den eher etwas ruhigeren Terrierrassen. Er ist nicht übermäßig rauflustig, lässt sich aber auch nicht gerne den Schneid abkaufen. Er verhält sich Zu Hause in der Regel unauffällig und unaufdringlich, kann in der freien Natur dafür aber auch sehr aktiv werden. Wie bei anderen Niederläufern braucht er nicht unbedingt mit Agility & Co. ausgepowert zu werden, sondern ist durchaus auch mit gleichmäßigen Spaziergängen und Schnüffel- und Spielpausen zufrieden.

Pflege

Das rassetypische Trimming (bei dem der Hund nicht geschoren, sondern ihm das reife Deckhaar ausgezupft wird) lässt im unteren Körperbereich das Haar länger stehen; auch ein üppiger Bart gehört zu einem typischen Sealyham. Eine regelmäßige und gründliche Fellpflege ist wichtig, damit der Hund nicht verfilzt – gewöhnen Sie bereits den Welpen ans tägliche Kämmen und Bürsten. Bei allen Pflegefragen wenden Sie sich an Ihren Züchter, er kann Ihnen außerdem das Trimmen erklären bzw. Ihnen einen geeigneten Hundesalon in Ihrer Nähe empfehlen.

VDH-Mitgliedsvereine
www.kft-online.de
www.sealyham.org

! Er gehört zu den seltenen Hunderassen, wobei er in seinem Mutterland England etwas verbreiteter ist als bei uns (pro Jahr werden in Deutschland etwa zwischen fünf und zehn Welpen gezüchtet). Er gilt als Exot unter den Terriern.

Zu wem passt der Sealyham?			
Reiselustige	☺	☺	
Sportliche	☺	☺	
Familien	☺	☺	☺
Gemütliche	☺	☺	

mittel bis aufwendig | mittel | etwa 14 Jahre | gut

Shetland Sheepdog (Sheltie)

FCI-Standard-Nr. 88
Größe: Rüde ideal 37 cm,
Hündin ideal 35,5 cm (die Größenvarianz in der Rasse ist recht groß)
Gewicht: ca. 6–12 kg
(je nach Größe und Körperbau)
Farbe: zobel, tricolor, blue merle, jeweils mit oder ohne weiße Abzeichen; schwarz-weiß, schwarzloh

Herkunft und Verbreitung: Der Sheltie stammt von den Shetland-Inseln vor der Küste Schottlands. Dort wurde er zum Hüten der Schafe eingesetzt.
Wesen: Shelties sind fröhliche, aufgeweckte Hunde. Sie freuen sich sehr über Aufmerksamkeit und Beschäftigung, müssen aber nicht in dem Maße wie ein richtiger Arbeitshund ausgelastet werden. Wichtig ist, dass der Sheltie dabei sein darf und liebevoll behandelt wird. Shelties sind recht gut zu erziehen und gehorchen gerne, manche sind allerdings recht bellfreudig. Sie bleiben immer in der Nähe ihres Herrn, das macht sie zu geeigneten Begleitern auf Spaziergängen und Ausflügen. Es gibt recht individuelle Charaktere, vom etwas zurückhaltenden, schüchternen Hund bis zum freundlichen, extrovertierten Hund sind alle Nuancen vertreten. Den meisten Shelties gemeinsam ist eine große Sensibilität. Sehr viele Shelties sind begeistert und erfolgsreich bei hundesportlichen Aktivitäten wie Agility dabei.
Haltung: Gesundheitliche Probleme können die Haut (v.a. Autoimmunerkrankungen), die Nieren und die Augen betreffen.

Das mag er	Das mag er nicht
Sport und Spiel, Streicheleinheiten, Bellen	grobe Behandlung, alleine bleiben

Verbreitung

Der Sheltie ist eine beliebte Rasse, in den letzten Jahren stieg seine Verbreitung langsam, aber stetig an. Heute werden weit über 800 Welpen jährlich innerhalb des VDH eingetragen. Dies liegt möglicherweise auch mit daran, dass der Sheltie sich ausgezeichnet für viele der immer beliebter werdenden Hundesportarten (wie Agility) eignet.

Sozialisierung

Shelties sind hochintelligente und leicht erziehbare, aber auch sensible Hunde. Um ihr volles Potential entfalten zu können, müssen sie (wie natürlich alle Hunde) von Welpenbeinen an Artgenossen, Menschen und Alltagssituationen herangeführt werden. Wachsen Welpen isoliert und abgeschirmt auf, so können sie sich zu überängstlichen Hunden entwickeln. Shelties sind in der Regel sehr lernfreudig und leichtführig. Sie sind meist mit großem Eifer bei allen Hundesportarten dabei, bei denen Intelligenz, Geschicklichkeit, Schnelligkeit und Interaktion mit dem Besitzer gefragt sind.

MDR1-Defekt

In der Rasse existiert ein Gendefekt (der so genannte MDR1-Defekt), der zu einer extremen Überempfindlichkeit gegenüber verschiedenen Medikamenten führt.

! Shelties werden oft für Zwergcollies gehalten. Es handelt sich bei Sheltie und Collie jedoch um zwei separate Rassen, die unabhängig voneinander entstanden sind.

Im Extremfall kann eine solche Überreaktion sogar zum Tod führen. Aus diesem Grund ist es wichtig, dass Zuchttiere auf diesen Defekt untersucht werden, um die Geburt betroffener Welpen zu vermeiden. Kaufen sie nur einen Sheltie-Welpen, dessen Eltern keine Merkmalsträger sind (lassen Sie sich dies vom Züchter belegen).

VDH-Mitgliedsvereine

www.cfbrh.de
www.sscd-ev.de

Das sollten Sie wissen

Bei Shelties kann Kryptorchismus vorkommen: Beim kryptorchiden Rüden sind die Hoden nicht in den Hodensack abgestiegen, sondern in der Bauchhöhle oder im Leistenspalt verblieben. Solche Hunde sollten kastriert werden. Achten Sie beim Kauf eines männlichen Welpens darauf, dass beide Hoden fühlbar sind.

Zu wem passt der Sheltie?			
Reiselustige	☺	☺	
Sportliche	☺	☺	☺
Familien	☺	☺	☺
Gemütliche	☺	☺	

einfach	mittel	etwa 15 Jahre	eingeschränkt

Shiba Inu

FCI-Standard-Nr. 257
Größe: Rüde ca. 40 cm (+/- 1,5 cm), Hündin ca. 37 cm (+/- 1,5 cm)
Gewicht: Rüde ca. 9–12 kg, Hündin ca. 8–10 kg
Farbe: rot, schwarzloh, sesam, schwarz-sesam, rot-sesam, jeweils mit hellen Abzeichen („Urajiro“)

Herkunft und Verbreitung: Kleine spitzartige Hunde wurden in Japan traditionell zur Jagd auf kleines Wild und Vögel eingesetzt.
Wesen: Trotz seiner handlichen Größe ist der Shiba alles andere als ein Schoßhund. Shibas sind unternehmungslustig, sportlich, robust und witterungsunempfindlich. Sie vereinen die Vorzüge aller Nordischen Rassen im Kleinformat, weisen aber auch deren Besonderheiten auf, die die Erziehung nicht ganz einfach machen: Sie sind eigenwillig bis stur, intelligent und neugierig. Eine Abrichtung im herkömmlichen Sinn ist bei ihnen unmöglich, mit liebevoller Konsequenz erreicht man dagegen recht viel. In der Familie fröhlich und verspielt, sind sie Fremden gegenüber eher zurückhaltend. Ein Shiba hängt an seiner Familie, braucht aber auch seinen Freiraum und sollte immer die Möglichkeit haben, sich zurückzuziehen. Sein manchmal noch recht ausgeprägter Jagdtrieb sollte die Anschaffung kleinerer Heimtiere verbieten, wenn der Hund sie nicht von klein auf kennt; auch macht er sich im Freien gerne einmal selbstständig.
Haltung: Diese Rasse ist bemerkenswert gesund und langlebig. Während des Haarwechsels ist intensives Bürsten nötig.

Das mag er	Das mag er nicht
gerechte Behandlung, Jagen, andere Shibas	grobe Behandlung, eingesperrt sein, ständig bedrängt werden

! Shibas sind sehr selbstständig – das sollte man sich bereits vor dem Kauf klarmachen.

Großer Hund im Kleinformat

Shibas sind Hunde für naturverbundene, einfühlsame Menschen, die eventuell in einer kleinen Wohnung leben, dennoch einen „ganzen" Hund möchten, der sie immer begleiten kann. Erfahrung mit dem typischen Wesen Nordischer Rassen ist dabei von Vorteil, denn trotz seiner handlichen Größe ist der Shiba sehr eigenwillig und selbstständig. Er verträgt weder zu autoritäre Behandlung noch integriert er sich problemlos als unkompliziertes Lifestyle-Accessoire.

Pflege

Auch wenn das dichte Stockhaar pflegeleicht ist und kein rassespezifisches Styling benötigt, muss man sich (vor allem während des Haarwechsels) auf eine Menge abgestoßener Unterwolle gefasst machen, die sich in der Wohnung verteilt.

Erziehung

Auch wenn ein Shiba nicht so leichtführig wie ein Pudel oder Sheltie ist, sollte er doch erzogen werden, um „umweltkompatibel" zu sein.

Achten Sie darauf, dass der Welpe bereits beim Züchter gewissenhaft sozialisiert wurde (also bereits positive Bekanntschaft mit anderen Hunden, Kindern, Alltagssituationen und evtl. auch anderen Tierarten gemacht hat). Besuchen Sie einen Welpenerziehungskurs.

Üben Sie die gängigen Grundkommandos – und bereiten Sie sich darauf vor, dass Ihr Shiba meistens nicht prompt gehorchen wird.

Bleiben Sie konsequent, aber immer einfühlsam, und werden Sie nie ungeduldig oder gar jähzornig.

Finden Sie heraus, welche Tätigkeit Ihrem Shiba Spaß macht: Das können z. B. Versteck- und Suchspiele sein. Am besten sind Spiele, welche die Mensch-Hund-Bindung festigen, bei denen der Hund also genau auf seinen Besitzer achten muss.

VDH-Mitgliedsvereine
www.dcnh.de
www.shiba-club.de

Zu wem passt der Shiba Inu?

Reiselustige	☺	☺	
Sportliche	☺	☺	☺
Familien	☺	☺	☺
Gemütliche	☺	☺	

aufwendig | gering | 12–16 Jahre | ja

Shih Tzu

FCI-Standard-Nr. 208
Größe: : nicht über 26,7 cm
Gewicht: 4,5–8,1 kg
Farbe: alle Farben erlaubt

Herkunft und Verbreitung: Ursprünglich sollen seine Vorfahren als tibetische Tempelwachhunde gedient haben, später wurden sie in chinesischen Palästen als Gesellschaftshunde gehalten.
Wesen: Der Shih Tzu ist neugierig, unternehmungslustig und quicklebendig. Er hängt mit großer Zuneigung an seinem Besitzer und begleitet ihn gerne auf Schritt und Tritt. Dabei ist er weder aufdringlich noch fordert er ständige Beschäftigung. Shih Tzu-Welpen werden – wie die meisten Klein- und Zwerghunde – von seriösen Züchtern frühestens ab der 10. Lebenswoche abgegeben. Der Shih Tzu eignet sich für Familien, Singles (die ihren Hund mit zur Arbeit nehmen können), für Paare und auch für ältere Menschen. Wählen Sie den Züchter sorgfältig aus und vermeiden Sie Zuchten, die mit Mini-Shih Tzus werben.
Haltung: Beim Shih Tzu sind kaum genetische Krankheitsdispositionen bekannt. Bei älteren Tieren sollte regelmäßig das Herz tierärztlich kontrolliert werden. Manche Shih Tzus reagieren empfindlich mit starkem Juckreiz auf Floh- oder Milbenbefall. Halten Sie Ihren Shih Tzu schlank. Shih Tzus sind recht hitzeempfindlich, verlegen Sie bei hochsommerlicher Hitze die Spaziergänge auf den frühen Morgen und auf die Zeit nach Sonnenuntergang.

Das mag er	Das mag er nicht
Gesellschaft	Zwang, Pflegemuffel

! Manche Besitzer verpassen ihrem Shih Tzu einen praktischen Kurzhaarschnitt. Das Haar wächst schnell nach und muss regelmäßig gekämmt, gebürstet und gewaschen werden.

Typenvielfalt

Es gibt unterschiedliche Zuchtlinien: kleine zierliche Hunde von unter 5 kg, aber auch robuste Shihs mit 8 kg, die sich durchaus für sportliche Betätigungen wie Agility eignen. Dies ist in Amerika eine sehr beliebte Beschäftigung, dort ist die Rasse außerdem etwas quadratischer gebaut als bei uns. Sollten Sie sportliche Ambitionen haben, so wählen Sie auf jeden Fall Ihren Welpen unter diesem Aspekt aus.

Rundum gepflegt

• Fell: Lassen Sie sich vom Züchter die Fellpflege an einem erwachsenen Tier zeigen. Mindestens zweimal wöchentlich muss der Shih Tzu durchgebürstet werden, alle vier Wochen gibt es eine komplette Pflegesitzung mit Bad, Haarspülung und gründlichem Kämmen und Bürsten. Sie können den Hund auch in einen guten Hundesalon bringen, der Erfahrung mit langhaarigen Rassen hat. Alle drei Monate kann man das Haar außerdem etwas in Form schneiden lassen.

• Körperöffnungen: Zupfen Sie die Haare aus dem Gehörgang aus oder lassen dies vom Hundefriseur oder Tierarzt erledigen. Halten Sie den After immer peinlich sauber, damit er nicht durch Kotreste „zugepappt" wird. Bei Rüden können die Haare rund um den Penis und am Bauch gekürzt werden, waschen Sie Urinreste gegebenenfalls aus dem Fell.

• Zähne: Durch den verkürzten Fang stehen die Zähne des Shih Tzu relativ dicht aufeinander. Hierdurch können leicht einmal Futterreste hängen bleiben, auch Haarsträhnen können sich um die Zähne wickeln und durch den Speichel einweichen. Kontrollieren Sie regelmäßig sein Gebiss und gewöhnen Sie schon den Welpen an eine Zahnbürste. Auch bei regelmäßiger Zahnpflege kann sich Zahnstein bilden, der dann professionell beim Tierarzt entfernt werden sollte, bevor es zu Zahnfleischentzündungen kommt.

• Augen: Lassen Sie Ihren Shih Tzu nicht unter stachelige Hecken stöbern, auch frisch gemähte Felder sind tabu. Ebenfalls vorsichtig muss man bei Fahrtwind und bei heißem Wetter sein, da dies recht schnell zu Hornhaut- und Bindehautentzündungen führen kann.

VDH-Mitgliedsvereine

www.kleinhunde.de
www.shih-tzu-club.de

Zu wem passt der Shih Tzu?

Reiselustige	☺	☺	
Sportliche	☺		
Familien	☺	☺	☺
Gemütliche	☺	☺	☺

mittel | mittel | 12–14 Jahre | eingeschränkt

Skye Terrier

FCI-Standard-Nr. 75

Größe: 25–26 cm, Körperlänge etwa 60 cm, Hündinnen sind bei gleichen Proportionen etwas kleiner

Gewicht: 14–17 kg

Farbe: schwarz, hell- oder dunkelgrau, falbfarben, cremefarben; Ohren und Fang schwarz markiert

Herkunft und Verbreitung: Skye Terrier stammen von der gleichnamigen schottischen Insel, ihre Vorfahren wurden zur Jagd auf Niederwild verwendet.

Wesen: Wie die meisten Terrier sind auch Skyes selbstbewusste Hunde. Sie sind jedoch nicht so quecksilbrig wie viele andere Terrier, müssen auch nicht in dem Maße ausgelastet werden wie etwa ein Hütehund oder manch hochläufiger Terrier. Deshalb eignen sie sich auch für ältere, rüstige Besitzer. Skye Terrier strahlen Würde und innere Gelassenheit aus. Sie müssen mit viel Feingefühl, gerecht, liebevoll und konsequent erzogen werden.

Haltung: Das schlichte, lange und harte Deckhaar mit weicher Unterwolle ist nicht übermäßig pflegeintensiv, sollte aber mindestens einmal wöchentlich gründlich gekämmt und gebürstet werden. Wie jeder langhaarige Hund kann auch ein Skye nach einem zünftigen Spaziergang mal etwas Dreck mit ins Haus bringen. Trotz des langen Rückens neigt der Skye Terrier nicht zu Wirbelsäulenproblemen. Ideal ist ein Haus mit Garten; er kann aber auch in einer Wohnung gehalten werden, wenn für den nötigen Auslauf gesorgt wird.

Das mag er	Das mag er nicht
Suchspiele, seine Bezugsperson, Spaziergänge	Hektik, ungerechte Behandlung

! Das lange Stirnhaar fällt wie ein mittig gescheitelter Vorhang nach vorne. Sollte es seine Sicht behindern, so binden Sie ihm das Haar zu einem Zopf nach oben.

Verbreitung

Der extravagante Skye Terrier war früher eine in vornehmen Kreisen sehr beliebte und verbreitete Rasse. Heute ist er sehr selten (innerhalb des VDH werden durchschnittlich nur etwa 20 Welpen pro Jahr gezüchtet).

Passt ein Skye zu mir?

Skye Terrier sind keine Allerweltshunde. Besuchen Sie am besten ein paar Skyes in ihrem häuslichen Umfeld, um sich ein Bild der Rasse zu verschaffen. Ihr extravagantes Aussehen verbindet sich mit einem starken Charakter und einem intensiven Gefühlsleben. Diese Kombination erfordert einen verständnisvollen und einfühlsamen Besitzer. Skyes zeichnen sich durch Mut, Stolz und Fröhlichkeit aus, an ihrer Familie hängen sie mit großer Treue. Skyes sind sehr intelligent und lernfähig; zudem haben sie ein sehr gutes Gedächtnis. Betrachten Sie Ihren Hund als Individuum und behandeln Sie ihn respektvoll, aber unbedingt konsequent. Ausgeglichene Menschen mit Sinn für Gerechtigkeit passen gut zu einem Skye Terrier.

Sozialisierung

Bereits beim Züchter sollte der Welpe schon mit Menschen, Hunden, Kindern, anderen Tierarten und Alltagssituationen wie Staubsauger, Türklingel, Autos etc. in Kontakt gekommen sein. Führen Sie diese Sozialisierung zu Hause fort. Achten Sie aber bitte darauf, den jungen Hund nicht zu überfordern. Zwingen sie ihn zu nichts und vermeiden Sie stressige Situationen (lassen Sie ihn etwa nicht ständig von kleinen Kindern herumtragen oder aufwecken). Besuchen Sie eine Welpenspielgruppe (am besten mit Terriererfahrung) und führen Sie ihn spielerisch an verschiedene Übungen heran. Auch ein Skye kann und soll Grundgehorsam erlernen.

? Skye Terrier hatten lange den Ruf eines für Kinder ungeeigneten Ein-Mann-Hundes. Durch züchterische Selektion sind die meisten Skye Terrier heute aber durchaus auch als Familienhunde geeignet.

VDH-Mitgliedsvereine
www.kft-online.de

Zu wem passt der Skye Terrier?			
Reiselustige	☺		
Sportliche	☺	☺	
Familien	☺	☺	
Gemütliche	☺	☺	

mittel	mittel	12–15 Jahre	eingeschränkt

Spitz (Deutscher Spitz): Mittelspitz, Kleinspitz

FCI-Standard-Nr. 97
Größe: Mittelspitz: 34 cm (+/- 4 cm), Kleinspitz: 26 cm (+/- 3 cm)
Gewicht: Mittelspitz: etwa 6–10 kg, Kleinspitz: bis etwa 5,5 kg
Farbe: schwarz, weiß, braun, orange, graugewolkt, creme, sable, black-and-tan, gescheckt

Herkunft und Verbreitung: Früher waren Spitze aller Größenvarianten außerordentlich beliebte und verbreitete Wachhunde auf Höfen, Fuhrwerken und Binnenschiffen.
Wesen: Fremden gegenüber sind Spitze eher misstrauisch und melden zuverlässig alles, was sich ihrem Territorium nähert, wobei sie im Zweifelsfall auch nicht zögern, einmal zuzuschnappen. Dafür hängen sie mit umso größerer Liebe an ihrer Familie, sind auch verträglich mit anderen Tieren (eine entsprechende Sozialisierung vorausgesetzt). Spitze sind anpassungsfähig, was die Aktivität angeht und eignen sich deshalb auch als Gesellschafter älterer Herrschaften, die unter Umständen nicht mehr ganz so aktiv sind. Bei entsprechender Motivation begeistern sich viele Spitze auch für Hundesport. Der Spitz lernt gut über positive Motivation, jeglicher Druck oder Strafen machen ihn stur. Bei einer konsequenten Erziehung sind Spitze geeignete Anfängerhunde. Wichtig: Der Spitz muss trotz seines niedlichen Aussehens unbedingt ernst genommen werden – von Freunden und von Fremden!
Haltung: Spitze sind gute Futterverwerter – achten Sie auf die schlanke Linie.
Foto: Mittelspitz

Das mag er	Das mag er nicht
Familienanschluss, Aufpassen, Bellen	antiautoritäre Erziehung, nicht ernst genommen werden

! Der ideale Besitzer ist naturverbunden und besitzt eine Portion Humor; für sehr gemütliche, unsichere oder überfürsorgliche Menschen eignet sich Spitze weniger.

Beschäftigung

Spitze haben eine sehr schnelle Auffassungsgabe, sie sind zudem eifrig und entwickeln eine sehr enge Bindung an ihre Besitzer. Diese Eigenschaften befähigen sie zu allen Sportarten, bei denen es vor allem auf die Mensch-Hund-Interaktion ankommt, wie etwa Agility, Dogdancing und Trickdoging. Da manche Spitze durchaus Hüteeigenschaften an den Tag legen, eignet sich die neue Hundesportart Treibball sicher auch für den einen oder anderen Spitz. Hierbei werden acht Gymnastikbälle auf Signale des Besitzers nacheinander in ein Tor getrieben (mehr zu Treibball lesen Sie auf Seite 111).

Wachsamer Spitz

„Mistbeller" ist eine alte Bezeichnung für diese Rasse. Lenken Sie die sprichwörtliche Bellfreudigkeit des Spitzes von klein an durch konsequente Erziehung in vernünftige Bahnen.

Verbreitung – einst und heute

Spitze gehören zu den ältesten und ursprünglichsten Hunderassen. Früher waren sie sehr verbreitet, fast jeder Hof hatte einen Spitz als Wachhund und die Rasse gehörte zum Straßenbild. Mit zunehmender Verstädterung änderte sich dies, auch kamen andere, „modernere" Rassen in Mode und verdrängten den bodenständigen und teilweise als bissig verunglimpften Spitz. Zum Ende des 20. Jahrhunderts gehörte der Mittelspitz zu den stark gefährdeten Rassen. Heute scheinen sich die Spitz-Rassen etwas von diesem „Einbruch" zu erholen, die Welpenzahlen steigen wieder etwas an. Insgesamt wurden 2009 nur 73 Mittel- und 275 Kleinspitze innerhalb des VDH gezüchtet.

VDH-Mitgliedsvereine
www.deutsche-spitze.de
Spitz-Nothilfe:
www.spitz-nothilfe.de

? Spitze gelten zu Unrecht als bissig. Sie sind allerdings sehr wachsam und benötigen – wie eigentlich jeder Hund – eine sorgfältige Sozialisierung bereits beim Züchter, um mit Menschen und Alltagssituationen vertraut zu werden.

Zu wem passt der Spitz?			
Reiselustige	☺	☺	(☺)
Sportliche	☺	☺	☺
Familien	☺	☺	☺
Gemütliche	☺		

mittel | mittel | etwa 15 Jahre | ja

Tibet Spaniel

FCI-Standard-Nr. 231
Größe: etwa 25,4 cm
Gewicht: 4,1–6,8 kg (angestrebtes Idealgewicht)
Farbe: alle Farben und Mischungen von Farben

Herkunft und Verbreitung: Tibet Spaniel stammen aus Tibet und wurden dort bereits vor Jahrhunderten von buddhistischen Lamas und tibetischen Aristokraten als Gesellschaftshunde gehalten. Erst relativ spät kamen die ersten Hunde nach Europa und wurden zunächst in England gezüchtet.

Wesen: Der Tibet Spaniel ist eine große Persönlichkeit in einem kleinen Körper. Der selbstbewusste und eigenwillige Tibbie möchte als vollwertiges Familienmitglied behandelt werden, seine Erziehung erfordert Feingefühl, Respekt und liebevolle Konsequenz. Seiner Familie gegenüber ist er fröhlich und einfühlsam; Fremden gegenüber eher reserviert. Tibbies sind außerdem wachsam, ohne ausgesprochene Kläffer zu sein. Sie sind verträglich und lassen sich gut zu mehreren halten. Bewegung in freier Natur lieben sie und begleiten ihre Besitzer begeistert auch auf langen Wanderungen.

Haltung: Das mittellange, glatte und seidige Deckhaar mit dichter, feiner Unterwolle erfordert gelegentliches Bürsten, vor allem der etwas länger behaarten Rute und der Hosen an der Hinterseite der Oberschenkel. Tibet Spaniel sind generell sehr langlebige und robuste Hunde, vereinzelt kommen Augenerkrankungen und Patellaluxation vor.

Das mag er	Das mag er nicht
respektvolle Behandlung, erhöhte Sitzplätze	Aufdringlichkeit, Zwang, ungeduldige Menschen

! Tibet Spaniel gehören zu den Hunderassen, bei denen man den Rüden und Hündinnen oft sehr deutlich erkennt: Rüden haben eine ausgeprägte „Mähne".

Tibet Spaniel oder Pekingese?

Beide Rassen sind fernöstlicher Herkunft und weisen gewisse Ähnlichkeiten auf. Es gibt jedoch auch deutliche Unterschiede:

- Tibet Spaniel haben einen längeren Fang mit nur geringfügigem Vorbiss.
- Tibbies haben ovale Augen, Pekingesen hingegen große, runde Augen.
- Pekingesen haben kürzere Läufe und schwerere Knochen.
- Der Pekingese hat ein deutlich längeres Haarkleid mit mehr Unterwolle, ist dadurch deutlich pflegeintensiver.
- Tibet Spaniel sind leichtfüßiger und agiler.

Facettenreicher Tibet Spaniel

Man braucht die richtige Mischung aus Geduld, Einfühlungsvermögen und liebevoller Konsequenz, um einen Tibet Spaniel zu erziehen. Er ist kein Hund, mit dem man auf Unterordnungswettbewerben glänzt oder der als fernöstliches Lifestyle-Accessoire den ganzen Tag dekorativ neben einer Buddha-Statue sitzt. Vielmehr ist er ein facettenreicher Partner, der mit seiner Bezugsperson und der Familie durch Dick und Dünn gehen möchte. Als echter Naturbursche braucht er außerdem viel Bewegung bei Wind und Wetter.

Kein Spaniel

Der Tibet Spaniel ist kein Spaniel und hat auch nichts mit dieser Rassegruppe gemeinsam. Möglicherweise bekam er in Europa diesen Namen, weil er optisch wegen seines mittellangen, seidigen Haarkleides und den hängenden Ohren etwas an einen englischen Gesellschaftsspaniel erinnert. Anders als Spaniel sind Tibbies jedoch in der Regel ohne Jagdtrieb.

VDH-Mitgliedsvereine
www.tibethunde-ktr.de
www.ctaonline.de

! Der Tibet Spaniel gehört nicht zu den häufigsten Hunderassen in Deutschland, jährlich werden etwa 70 Welpen innerhalb des VDH eingetragen. In der Öffentlichkeit wird er mitunter mit dem Pekingesen verwechselt.

Zu wem passt der Tibet Spaniel?			
Reiselustige	☺	☺	(☺)
Sportliche	☺	☺	☺
Familien	☺	☺	☺
Gemütliche	☺	☺	

aufwendig | mittel | etwa 15 Jahre | gut

Tibet Terrier

FCI-Standard-Nr. 209
Größe: Rüde 35,6–40,6 cm, Hündin geringfügig kleiner
Gewicht: Rüde bis ca. 14 kg, Hündin ca. 8–10 kg
Farbe: jede Farbe außer leberbraun

Herkunft und Verbreitung: Der Tibet Terrier (TT) ist kein Terrier, sondern geht auf tibetische Hirtenhunde zurück.
Wesen: Tibet Terrier sind Energiebündel, immer fröhlich und zu Scherzen aufgelegt, solange sie nur dabei sein können. Die Erziehung eines TT stellt einen mitunter auf eine Geduldsprobe. Mit Konsequenz (niemals mit Strafe) lernt jedoch auch ein TT das „Hunde-1x1". Mit Kindern verstehen sich TT meist sehr gut, trotzdem muss man den Kleinen erklären, dass ein Hund kein Spielzeug ist, sondern auch sein Recht auf Ruhe und einen Rückzugsplatz hat.
Haltung: TT gehören zu den langlebigsten Hunderassen. Ein wichtiger Punkt, der nicht unterschätzt werden darf, ist die Fellpflege. Mehrmals wöchentliches gründliches Kämmen und Bürsten sind unabdingbar, ebenso das Ablesen von Blättern und Ästchen nach jedem Spaziergang. Dafür haart ein gut gepflegter TT kaum. Die Kontrolle der Ohren, Augen, des Anal- und Genitalbereiches ist ebenfalls wichtig, um etwaige Verschmutzungen oder gar Entzündungen rechtzeitig zu bemerken. Die Bekämpfung von Erbkrankheiten wird von den VDH-Zuchtklubs sehr ernst genommen, alle Zuchttiere müssen, soweit möglich, entsprechend getestet sein.

Das mag er	Das mag er nicht
Freundlichkeit, Spiel und Sport, dabei sein	Pflegemuffel, Sauberkeitsfanatiker, Choleriker

! Der Tibet Terrier ist seit Jahren gleichbleibend beliebt, innerhalb des VDH werden jährlich etwa zwischen 700 und 800 Welpen eingetragen.

Pflege

Wer nichts für Fellpflege übrig hat, wird möglicherweise mit dem langen und dichten Fell des Tibet Terrier überfordert sein. Bei mangelnder Pflege kann es schnell verfilzen, Haut- und Ohrentzündungen sind die Folge. Nach einem Spaziergang bei Matschwetter kann er zudem recht viel Schmutz ins Haus bringen. Manche Besitzer lassen das Fell regelmäßig kürzer schneiden (im Sommer besteht bei hellhäutigen Hunden, die zu kurz geschoren sind, allerdings die Gefahr von Sonnenbrand). Im Winter sollten vor allem die Haare an den Pfoten kurz gehalten werden, um die Bildung von Schneeballen zu vermeiden.

Marathon und Stadtbummel

Tibet Terrier sind ziemlich anpassungsfähig: Einen sportlichen Besitzer begleiten sie ausdauernd auf den längsten Wanderungen oder gar bei Trekking-Touren, bei einem eher gemäßigten Besitzer geben sie sich auch mit weniger Auslauf zufrieden. Wichtig ist, dass sie in den Alltag integriert werden.

Verträglichkeit

Gut sozialisierte Tibet Terrier sind ausgesprochen verträgliche Hunde. Man kann sie (bei entsprechender Gewöhnung) gut mit anderen Hunden, Katzen und Heimtieren halten (natürlich sollte man keinen Hund – egal welcher Rasse – mit Meerschweinchen, Hamstern & Co. unbeaufsichtigt alleine lassen). Viele Tibet Terrier begleiten auch ihre Besitzer in den Reitstall und auf Ausritte.

Große Typenvielfalt

Die Rasse ist immer noch recht ursprünglich. Dadurch gibt es eine recht große Typenvielfalt, es gibt sowohl eher kleinere, leichtere als auch stabilere Schläge. Zudem sind alle Farben (außer leberbraun) zugelassen, was die Vielfalt weiter erhöht. Sprechen Sie mit dem Züchter bzw. der zuständigen Vermittlungsstelle des Zuchtclubs über Ihre Lebensumstände und Ihre Erwartungen, um den Tibet Terrier zu finden, der optimal zu Ihnen passt.

VDH-Mitgliedsvereine
www.ilt-tibet.de
www.tibethunde-ktr.de
www.ctaonline.de

Zu wem passt der Tibet Terrier?			
Reiselustige	☺	☺	
Sportliche	☺	☺	☺
Familien	☺	☺	☺
Gemütliche	☺		

mittel | mittel | 12–15 Jahre | ja

Welsh Corgi

Cardigan: FCI-Standard-Nr. 38,
Pembroke: FCI-Standard-Nr. 39

Größe: Cardigan: etwa 30 cm,
Pembroke: etwa 25,4–30,5 cm

Gewicht: Pembroke: Rüde 10–12 kg,
Hündin 10–11 kg

Farbe: Pembroke: rot, sable, rehfarben, schwarz mit Brand, mit oder ohne Weiß an Läufen, Brust und Hals; Cardigan: zusätzlich auch Blue Merle und gestromt

Herkunft und Verbreitung: Die Corgis stammen aus Wales, wo sie als Treibhunde für Großvieh (Rinder und Ponys) eingesetzt wurden. Sie trieben das Vieh durch Kniffe in die Fesseln, etwaige Fußtritte gingen dabei über ihren niedrigen Körper hinweg. Heute ist der Corgi als Arbeitshund praktisch verschwunden (es wird kaum noch die freie Weidehaltung von Rindern in Großbritannien praktiziert, auch werden die Tiere eher in Lastwagen denn zu Fuß transportiert).

Wesen: Corgis gelten als fröhlich, verspielt und sehr menschenbezogen. Trotz starker Persönlichkeit sind sie bei konsequenter Erziehung leichtführig. Mit Artgenossen sind Corgis verträglich und können gut im Rudel gehalten werden – eine entsprechende Sozialisierung vorausgesetzt.

Haltung: Beide Rassen sollten als Welpen keine Stufen herunter springen, auf längeren Treppen sollten sie im ersten Lebensjahr getragen werden. Achten Sie auf eine schlanke Linie und vermeiden Sie jegliches Übergewicht bei Ihrem Hund.

Foto: Welsh Corgi Pembroke

Das mag er	Das mag er nicht
Sport und Spiel	Stubenhocker

! Früher wurde die Rute des Pembroke kupiert, heute gibt es sowohl langrutige Pembrokes als auch solche mit angeborener Stummelrute.

Pflege

Corgis haaren vor allem während des Haarwechsels stark. Ein Besuch im Hundesalon zur Entfernung der losen Unterwolle erleichtert den Haarwechsel und entlastet die Hausfrau.

Treibball

Der heutige Corgi geht auf robuste Treibhunde zurück, wurde also ursprünglich nach Leistung selektiert und zur Arbeit eingesetzt. Diese Treib- und Hüteveranlagung setzt sich auch bei vielen der heutigen Familienhunde noch durch, die meisten Corgis sind mit einem faulen Leben nur auf der Couch und im Garten nicht zufrieden und brauchen eine Aufgabe. Generell ist der Corgi für alle Hundesportarten geeignet, auf seine Größe sollte natürlich entsprechend Rücksicht genommen werden (hohe Hindernisse etwa sollte er auch als erwachsener Hund nicht ständig überspringen müssen). Als ehemalige Treibhunde eignen sich viele Corgis hervorragend für die Beschäftigung mit Treibball, einer jungen Hundesportart, die mittlerweile in allen deutschsprachigen Ländern angeboten wird. Dabei wird dem Hund beigebracht, acht große Gymnastikbälle nacheinander auf Signale des Hundeführers in ein Tor zu „treiben". Durch die Treibballausbildung unter fachkundiger Anleitung eines erfahrenen Trainers werden der Gehorsam und die Beziehung zum Hundeführer intensiviert. Die „Einführung" sollte möglichst auf einem Hundeplatz unter Anleitung erfolgen, später kann natürlich auch mit einem oder mehreren Bällen zuhause trainiert werden. Die Ballgröße wird der Größe des Hundes entsprechend gewählt.
Mehr Informationen über Treibball:
Deutschland: www.natural-dogmanship.de
Schweiz: www.treibball-schweiz.ch

VDH-Mitgliedsvereine
www.cfbrh.de

! 1934 erkannte der englische Kennel Club beide als unterschiedliche Rassen an. Der Cardigan ist verbreiteter als der Pembroke, dies liegt wohl auch mit daran, dass das englische Königshaus seit 1936 Pembrokes hält.

Zu wem passt der Welsh Corgi?

Reiselustige	☺	☺	
Sportliche	☺	☺	
Familien	☺	☺	☺
Gemütliche	☺		

mittel | aufwendig mittel | 14–15 Jahre | eingeschränkt

Welsh Terrier

FCI-Standard-Nr. 78
Größe: nicht über 39 cm
Gewicht: 9–9,5 kg
Farbe: schwarzloh, grizzle mit loh

Herkunft und Verbreitung: Der Welsh Terrier geht auf den englischen Black and Tan Terrier zurück, der in England seit Jahrhunderten zur Jagd auf Fuchs und Dachs gehalten wurde.
Wesen: Wie viele Terrier ist der Welsh unternehmungslustig, fröhlich, robust und anhänglich. Die Haltung zusammen mit kleineren Heimtieren (Kaninchen, Meerschweinchen etc.) sowie Geflügel birgt wegen seines Hetztriebes gewisse Risiken und ist weniger empfehlenswert. Der ideale Besitzer sollte unkompliziert und naturverbunden sein sowie eine natürliche Autorität besitzen. Probleme kann es geben, wenn er zu sehr vermenschlicht wird, sowie bei zu nachgiebiger oder gar antiautoritärer Erziehung. Der Welsh ist dabei aber etwas sensibler als etwa der robustere Lakeland Terrier und reagiert empfindlicher auf Erziehungsfehler. Er ist ein aktiver und handlicher Begleiter bei vielen Freizeitaktivitäten, eignet sich auch für Agility.
Haltung: Der Welsh Terrier sollte 2-mal/Woche gekämmt und 4-mal/Jahr getrimmt werden, dann verliert er keine Haare. Wie die meisten Rassen, die nie in den Fokus von Massenzüchtern geraten sind bzw. zum Modetrend wurden, ist der Welsh in der Regel recht gesund und langlebig.

Das mag er	Das mag er nicht
Blumenbeete umgraben, fremde Katzen jagen	antiautoritäre Erziehung, ungerechte Behandlung

! Welsh Terrier sind keine ausgeprägten Meutehunde. Vor allem mit gleichgeschlechtlichen Artgenossen kann es zu Reibereien kommen.

Erziehung

Wie die meisten Terrierrassen eignet sich ein Welsh Terrier nicht für antiautoritäre Erziehung. Der Besitzer sollte selbstbewusst und konsequent sein, dabei nicht aufbrausend oder gar ungerecht. Die meisten Terrier haben feine Antennen für natürliche Führungspersönlichkeiten, die sie in auch anerkennen. Es gilt, das richtige Mittelmaß zu finden und weder ins eine Extrem (Unterdrückung) noch ins andere Extrem (Verzärteln) zu fallen. Mit der richtigen Anleitung, Erziehung und Förderung kann ein Terrier erst sein ganzes Potential entfalten. Besuchen Sie außerdem Welpenspielstunden in einer guten Hundeschule (vielleicht kann Ihr Züchter Ihnen sogar eine empfehlen). Achten Sie auf eine gewissenhafte Sozialisierung bereits beim Züchter und führen Sie diese mit dem Welpen fort. Dabei muss natürlich auch darauf geachtet werden, dass das Hundekind keine traumatischen Erfahrungen (etwa durch eine Hundeattacke) macht. Vor allem in den ersten 16 Lebenswochen darf ein Welpe weder unter- noch überreizt werden.

? Der Welsh Terrier ist kein Zwerg-Airedale. Die beiden Rassen sehen sich zwar auf den ersten Blick ähnlich, haben aber nur entfernte gemeinsame Vorfahren.

Pflege

Wie die anderen rauhaarigen Terrier muss auch der Welshie regelmäßig fachgerecht getrimmt werden.

Verbreitung

Mit über 400 Welpen pro Jahr innerhalb des VDH hat der Welsh Terrier mittlerweile fast den Drahthaar Foxterrier in der Beliebtheit erreicht.

VDH-Mitgliedsvereine

www.kft-online.de

Das sollten Sie wissen

Welsh Terrier können mitunter auf qualitativ minderwertiges Futter mit Hautirritationen und/oder Verdauungsstörungen reagieren. In manchen Fällen hilft die schrittweise Umstellung auf selbst zubereitetes Futter.

Zu wem passt der Welsh Terrier?			
Reiselustige	☺	☺	
Sportliche	☺	☺	☺
Familien	☺	☺	☺
Gemütliche	☺		

mittel | mittel | etwa 14 Jahre | eingeschränkt

West Highland White Terrier

FCI-Standard-Nr. 85
Größe: ca. 28 cm
Gewicht: Rüde ca. 7–9 kg,
Hündin ca. 6–8 kg
Farbe: weiß

Herkunft und Verbreitung: Ursprünglich ist der Westie die weiße Variante des Cairn Terriers (siehe dort). Aus dem kernigen britischen Jagdhund auf Raubzeug wurde ein äußerst beliebter Begleithund.

Wesen: Ein gesunder, rassetypischer Westie ist ein kecker, neugieriger Hund, der sehr anpassungsfähig ist. Er schätzt das Familienleben, schließt sich aber auch gut einer einzelnen Person an. Sehr gut kann man ihn auch ins Berufsleben integrieren. Als Terrier ist er aber nicht immer geeignet für Rudelhaltung. Auch mit fremden gleichgeschlechtlichen Hunden kann es mitunter zu Auseinandersetzungen kommen. Legen Sie Wert auf eine konsequente Erziehung und guten Grundgehorsam, besuchen Sie am besten Welpenspielgruppen und einen Erziehungskurs. Der ideale Besitzer ist souverän und gerecht.

Haltung: Der Westie muss alle 8–10 Wochen fachmännisch getrimmt (nicht geschoren) werden. Bringen Sie ihn dazu entweder zum Züchter oder in einen geeigneten Hundesalon mit Terriererfahrung. Westies brauchen ein qualitativ hochwertiges Futter. Lassen Sie sich entweder einen Futterplan zum Selber zubereiten zusammenstellen, oder geben Sie ein gutes Markenfutter für sensible Hunde vom Tierarzt.

Das mag er	Das mag er nicht
Suchspiele, Löcher buddeln	Stubenhocker, unklare Führungsverhältnisse

! Westies sind trotz ihres weißen Fells keine Albinos! Die Nase soll schwarz und die Augen so dunkel wie möglich sein – beides wäre bei einem Albino nicht möglich.

Der süße Hund aus der Werbung ...

Leider hat sich in der Vergangenheit gezeigt, dass allzu große Popularität einer Hunderasse mehr schadet als nutzt. Die Nachfrage nach Welpen ist groß, unseriöse Hundehändler nutzen dies aus. Ob die Elterntiere gesund sind oder die Welpen eine ordentliche Sozialisierung hatten, interessiert Hundevermehrer nicht, und unerfahrene Interessenten vergessen oft beim Anblick der schüchternen kleinen Wonneproppen die Risiken unseriöser Zucht. Deshalb ist es wichtig, sich an einen Züchter, der dem KfT (bzw der österreichischen ÖKV bzw. schweizerischen SKG) angeschlossen ist, zu wenden.

Waschechter Terrier: Der blütenweiße Westie aus der Reklame erweckt den Eindruck, er könnte kein Wässerchen trüben und würde am liebsten den ganzen Tag mit Frauchen schmusen. Dabei sind Westies waschechte Terrier und mit dem entsprechenden Temperament ausgestattet: Sie können sehr energisch werden und wachsen ihrem Besitzer bei zu nachgiebiger Erziehung schnell über den Kopf. Ein Westie braucht klare Linien und muss wissen, wo sein Platz ist.

Hautprobleme

Der Westie gilt als eine Rasse, die mit Hautproblemen zu kämpfen hat. Dies stimmt nur bedingt – nicht jeder Westie hat eine empfindliche Haut. Beachten Sie Folgendes, um Probleme zu minimieren:

- Achten Sie darauf, dass beide Eltern Ihres Hundes gesund sind.
- Ernähren Sie Ihren Hund artgerecht. Manche Hunde mit Allergien vertragen kein Fertigfutter und reagieren besser auf selbst zubereitetes Futter.
- Lassen Sie Ihren Westie nie scheren, sondern nur fachgerecht trimmen.
- Baden Sie Ihren Westie nicht zu häufig. Meist genügt das Abwischen mit einem feuchten Lappen oder das Abbrausen des längeren Fells an Bauch und Läufen, um den Hund von Schmutz zu säubern. Sollte ein Bad nötig werden, so benutzen Sie nur geeignete Pflegeprodukte (lassen Sie sich von Ihrem Züchter oder Hundefriseur beraten).

VDH-Mitgliedsvereine
www.kft-online.de

Zu wem passt der Westie?			
Reiselustige	☺	☺	(☺)
Sportliche	☺	☺	☺
Familien	☺	☺	☺
Gemütliche	☺		

aufwendig	mittel	12–15 Jahre	eingeschränkt

Yorkshire Terrier

FCI-Standard-Nr. 86
Größe: ca. 25 cm
Gewicht: bis 3,1 kg
Farbe: dunkles Stahlblau mit tanfarbenen Abzeichen

Herkunft und Verbreitung: Dem englischen Yorkie sieht man seine Herkunft als Mäuse- und Rattenfänger nicht mehr an. Heute ist er weltweit verbreitet als Begleit- und Gesellschaftshund im Taschenformat.
Wesen: In vielen Yorkies steckt noch ein echter Terrier: Sie sind neugierig, vorwitzig und halten sich oft für stärker, als sie tatsächlich sind. Versuchen Sie, den kleinen Kerl nicht überzubehüten, behandeln Sie ihn wie einen normalen Hund und achten Sie auch auf Grundgehorsam. Die intelligenten Yorkies eignen sich gut für vielfältige Beschäftigungen wie Mini-Agility, Obedience, Dogdancing oder Trickdogging – natürlich immer seiner Größe angepasst.
Haltung: Das glänzende, bodenlange Fell eines Ausstellungschampions bedarf sorgfältiger Pflege. Legen Sie Wert auf solch langes Haarkleid bzw. Hundeausstellungen, so machen Sie sich auf eine zeitintensive Haarpflege gefasst, ohne die der Hund unweigerlich innerhalb kürzester Zeit total verfilzt. Alternativ können Sie Ihrem Yorkie das Haar kürzen lassen, um ihm mehr Bewegungsfreiheit zu geben, denn auch er möchte auf Spaziergängen gerne im tiefen Gras oder im Laub schnüffeln. Wie bei allen Zwergrassen kommt ab und zu Patellaluxation vor.

Das mag er	Das mag er nicht
klare Verhältnisse, wie ein richtiger Hund behandelt werden	antiautoritäre Erziehung, dominante Artgenossen

! Wie alle Zwerghunde werden Yorkshire-Welpen von seriösen Züchtern erst ab der 12. Lebenswoche abgegeben.

Mini-Yorkies

Meiden Sie Zuchten, die mit Mini-Yorkies oder Teacup-Yorkies werben. Oft sind die angebotenen Welpen nur wenige Wochen alt und deshalb so winzig. Ausgewachsene Hunde unter 2 kg können gesundheitlich anfällig sein; auch sind Verletzungsrisiken hier oft höher als bei etwas größeren Yorkies. Besonders die sehr kleinen und leichten Hunde neigen zu Zahnstein und vorzeitigem Zahnverlust.

Pflege

Ein Familienyorkie wird kürzer im Haar gehalten als ein Ausstellungshund. Regelmäßiges Kämmen und Bürsten sind wichtig, um Verfilzungen vorzubeugen und Haut- bzw. Ohrenentzündungen rechtzeitig zu erkennen. Bei längeren Barthaaren können sich Haarsträhnen um die Zähne wickeln, kontrollieren Sie auch dies täglich. Lange Stirnhaare können mit einem Spängchen nach oben gebunden werden.

? Der Yorkie soll und darf Kontakt zu Artgenossen haben – am besten besuchen Sie mit ihm eine Welpenspielgruppe speziell für kleinrassige Hunde. Etwas Vorsicht ist natürlich bei jedem Kontakt mit großen Hunden angebracht.

Terrier-Herz

Der Yorkshire Terrier ist für viele Menschen der Inbegriff eines Schoßhündchens. In der Brust der meisten Yorkies schlägt aber nach wie vor ein echtes Terrier-Herz – und das möchte lieber in der Scheune nach Mäusen stöbern als im Schaumbad zu sitzen.

VDH-Mitgliedsvereine

www.kft-online.de
www.clubfueryorkshireterrier.de
www.yorkshire-terrier-club.de

Das sollten Sie wissen

Wie bei vielen Zwergrassen kann es auch beim Yorkie zu sogenannten persistierenden Milchzähnen kommen. Das sind Milchzähnchen, die nicht von selbst ausfallen und neben den zweiten Zähnen stehen bleiben. Dies fällt spätestens beim Impftermin nach dem ersten Geburtstag auf. Solche Milchzähne werden unter einer kurzen Narkose entfernt.

Zu wem passt der Yorkie?			
Reiselustige	☺	☺	☺
Sportliche	☺	☺	
Familien	☺	☺	☺
Gemütliche	☺	☺	

einfach bis mittel | gering | 12–17 Jahre | gut

Zwerggriffons

FCI-Standard-Nr. 80 (Brüsseler Griffon, Griffon Bruxellois), 81 (Belgischer Griffon, Griffon Belge), 82 (Brabanter Griffon, Petit Brabançon)

Größe. 21–28 cm

Gewicht: 3,5–6kg

Farbe: Brüsseler Griffon: rot
Belgischer Griffon: schwarz, schwarzloh
Brabanter Griffon: rot, schwarz, schwarzloh

Herkunft und Verbreitung: Die Vorfahren der Zwerggriffons waren kleine rauhaarige Hunde, die in Belgien zur Mäuse- und Rattenbekämpfung gehalten wurden. Später wurden Mops und King Charles Spaniel eingekreuzt; auf diese Weise entstand wahrscheinlich auch der kurzhaarige Brabanter.

Wesen: Zwerggriffons sind hellwache und fröhliche kleine Gesellschaftshunde. Sie eignen sich gut für alleinstehende Personen oder für Familien mit größeren Kindern. Mit Kleinkindern sollte man etwas Vorsicht walten lassen, da vor allem die Welpen recht zart sind. Für Hundesport eignen sich Zwerggriffons, wenn er ihrer Größe angepasst betrieben wird. In jedem Fall braucht auch diese Rasse tägliche ausgiebige Bewegung an der frischen Luft, um gesund zu bleiben. Man sollte sich davor hüten, den Zwerggriffon zu verzärteln oder zu sehr zu verwöhnen – sowohl Übergewicht als auch „Größenwahn“ könnte die Folge sein.

Haltung: Die rauhaarigen Zwerggriffons sollten regelmäßig getrimmt und gebürstet werden. Gelegentlich kommt Patellaluxation vor.

Foto: Brabanter Griffon

Das mag er	Das mag er nicht
Beachtung, Kopfarbeit, Spielen	zu grobe Spiele, nicht beachtet werden, Übergewicht

! Zwerggriffons eignen sich gut auch für ältere Besitzer. Sie sind handlich, anhänglich, zärtlich und wachsam.

Welpen

Zwerggriffon-Welpen sind zart, man muss aufpassen, dass sie nicht versehentlich verletzt werden. Lassen Sie den Welpen nicht von Kleinkindern tragen, setzen Sie ihn außerdem auf keine erhöhten Plätze, auf die er nicht auch selbst hinauf kommt. Läuft der Welpe frei auf dem Fußboden, sollten weder Kinder noch große Hunde wild herumtoben. Verantwortungsbewusste Züchter geben die Welpen nicht vor der 10. Lebenswoche ab.

Denksport

Aufgrund ihrer Kleinheit sind Zwerggriffons auch mit relativ wenig Bewegung zufrieden. Da sie sehr intelligent und aufmerksam sind, müssen sie jedoch unbedingt geistig ausgelastet werden. Man kann etwa Such- und Bringspiele mit ihnen machen oder ihnen kleine Tricks beibringen. Beides kann man sowohl beim täglichen Spaziergang im Freien als auch an einem sehr verregneten Tag zuhause üben.

! In Deutschland sind die Zwerggriffons sehr selten, die jährlichen Welpenzahlen innerhalb des VDH liegen unter 20 Tiere. In Skandinavien, England und den USA sind sie viel populärer als bei uns.

Pflege

Das Fell der rauhaarigen Varietäten sollte regelmäßig getrimmt werden.
Auf Ausstellungen werden die rauhaarigen Zwerggriffons meist recht aufwendig gestylt (in englischsprachigen Ländern noch mehr als bei uns) – ein solches Styling braucht ihr Hund im „Alltagsleben“ natürlich nicht.
Nach dem Fressen muss der Bart mit einem feuchten Tuch abgewischt werden. Baden Sie Ihren Zwerggriffon nur in Ausnahmefällen.

Kein Kinderspielzeug

Wie alle Zwergrassen eignen sich Zwerggriffons nur bedingt für das turbulente Leben mit Kleinstkindern. Kinder in der Familie sollten bei der Anschaffung am besten schon etwas größer und verständig sein.

VDH-Mitgliedsvereine
www.kleinhunde.de

Zu wem passt der Zwerggriffon?			
Reiselustige	☺	☺	☺
Sportliche	☺		
Familien	☺	☺	
Gemütliche	☺	☺	☺

einfach | mittel | 14–15 Jahre | eingeschränkt

Zwergpinscher

FCI-Standard-Nr. 185
Größe: 25–30 cm
Gewicht: 4–6 kg
Farbe: rot, schwarz-rot

Herkunft und Verbreitung: Der standardgerechte Zwergpinscher ist das verkleinerte Abbild des Deutschen Pinschers.
Wesen: Zwergpinscher sind leistungsfähige Hunde, die sich auch für hundesportliche Aktivitäten wie Agility oder Obedience motivieren lassen. Da sie gerne arbeiten, kann man sie auch gut mit Fährten oder Suchspielen auslasten. Sie sind begeisterte Jogger und Wanderer, die sich ihrem Besitzer gerne anpassen und ihn in jedem Tempo begleiten. Regelmäßige und ausreichende Bewegung ist dabei natürlich die Grundvoraussetzung. Pinscher haben ein natürliches Misstrauen gegenüber Fremden und müssen deshalb sorgfältig sozialisiert werden. Achten Sie darauf, dass Ihr Zwergpinscher bereits beim Züchter gut sozialisiert wurde, damit es nicht zu Problemen mit seinem Wach- und Schutztrieb kommt.
Haltung: Aufgrund ihres kurzen Felles und des geringen Körpergewichtes sind Zwergpinscher kälteempfindlich und sollten bei Frost und kalter Nässe draußen stets in Bewegung bleiben. Kaufen Sie Ihren Welpen bei einem Züchter, der seine Zuchthunde vorsorglich und freiwillig auf Patellaluxation und erbliche Augenkrankheiten untersucht.

Das mag er	Das mag er nicht
Sport und Spiel, viel Aufmerksamkeit	Alleinsein, nur auf dem Sofa sitzen, nasskaltes Wetter

! In den letzten Jahren steigt ihre Verbreitung an, derzeit werden jährlich über 200 Welpen innerhalb des VDH gezüchtet.

Minis

Ab und zu sieht man untypische Hunde mit Verzwergungsmerkmalen wie einem gewölbten Schädel und großen Augen, vor allem bei Tieren, die nicht aus VDH-Zuchten kommen. Knochenbrüche der fragilen Gliedmaßen kommen bei sehr kleinen Exemplaren immer wieder vor, und es ist zu begrüßen, dass wieder mehr Augenmerk auf moderates Gewicht und Körpergröße gelegt wird.
Der ideale Besitzer ist gelassen, gerecht und selbstbewusst, er sollte nicht zu zögerlich sein – gewissermaßen eine „Führungspersönlichkeit". Mit der richtigen Anleitung, Erziehung und Förderung kann ein Pinscher erst sein ganzes Potential entfalten und dankt es mit Anhänglichkeit und lebenslanger Treue.

Für jung und alt

Zwergpinscher sind sehr anpassungsfähig; sie begleiten einen sportlichen Besitzer begeistert zum Joggen oder Bergwandern (lassen sich notfalls auch einmal im Rucksack tragen), viele lassen sich auch für hundesportliche Aktivitäten wie Agility oder Obedience motivieren. Ist der Besitzer bereits etwas älter, passen sie ihr Tempo an – sofern sie regelmäßig bewegt werden und dabei sein dürfen. Wie die meisten Hunde lasen sie sich auch gut mit Such- und Bringspielen beschäftigen, wenn einmal kein längerer Spaziergang möglich ist.
Seinem natürlichen Misstrauen gegen Fremde sollte man durch eine entsprechende Sozialisierung entgegenwirken, die bereits beim Züchter beginnt. Es ist nicht empfehlenswert, einen fremden Pinscher ungefragt anzufassen. Wie auch die beiden größeren Pinscher-Rassen Deutscher Pinscher und Dobermann bringen viele Zwergpinscher von Natur aus Wach- und Schutztrieb mit.

? Im Volksmund heißt er auch Rehpinscher. Diese Bezeichnung verdankt er dem einfarbig roten Farbschlag.

VDH-Mitgliedsvereine
www.psk-pinscher-schnauzer.de

Zu wem passt der Zwergpinscher?			
Reiselustige	☺	☺	(☺)
Sportliche	☺	☺	☺
Familien	☺	☺	
Gemütliche	☺		

mittel	mittel	etwa 13 Jahre	eingeschränkt

Zwergschnauzer

FCI-Standard-Nr. 183
Größe: 30–35 cm
Gewicht: ca. 4–8 kg
Farbe: schwarz, pfeffer-salz, weiß, schwarz-silber

Herkunft und Verbreitung: Schnauzer bekämpften ursprünglich Schadnager in Stallungen, was ihnen auch den Namen „Rattler“ eintrug. Der Mittelschnauzer entspricht der „Stammform“, die Zwergschnauzer entstanden durch Verpaarungen mit kleinen Stallpinschern.
Wesen: Zwergschnauzer sind bodenständige, kernige Hunde mit einem eigenen Kopf. Sie sind sehr neugierig, unternehmungslustig, spielfreudig, dabei nicht überdreht oder hyperaktiv. Die Erziehung ist nicht so leicht wie bei manch anderen Rassen, da der Schnauzer einen ausgesprochenen Dickkopf hat und sich in der Regel nicht bedingungslos unterordnen und herumkommandieren lässt. Er ist sehr intelligent und kann seinem Besitzer bei inkonsequenter oder zu nachgiebiger Behandlung rasch über den Kopf wachsen. Die meisten Zwergschnauzer sind immer noch richtige kleine Rattenfänger, die ihre Aufgabe sehr ernst nehmen. Eine Verzärtelung oder Degradierung zum reinen Schauobjekt ist bei ihm genauso unangebracht wie bei seinen größeren Vettern.
Haltung: Das Schnauzerfell muss zwei- bis dreimal jährlich getrimmt werden. Der üppige Bart wird nach jedem Essen gereinigt und regelmäßig gekämmt, sonst verfilzt er.

Das mag er	Das mag er nicht
Sport und Spiel, Stöbern	ausgeschlossen werden, nur auf dem Sofa sitzen

! Zwergschnauzer haben eine treue Fangemeinde und gehören mit etwa 1100 Welpen, die jährlich innerhalb des VDH gezüchtet werden, zu den beliebten Rassen.

Für jung und alt

Zwergschnauzer sind sehr anpassungsfähig; sie begleiten einen sportlichen Besitzer begeistert zum Joggen oder Bergwandern (lassen sich notfalls auch einmal im Rucksack tragen), viele lassen sich auch für hundesportliche Aktivitäten wie Agility oder Obedience motivieren.
Ist der Besitzer bereits etwas älter, passen sie ihr Tempo an – sofern sie regelmäßig bewegt werden und dabei sein dürfen. Wie die meisten Hunde lassen sie sich auch gut mit Such- und Bringspielen beschäftigen, wenn einmal kein längerer Spaziergang möglich ist.
Seinem natürlichen Misstrauen gegen Fremde sollte man durch eine entsprechende Sozialisierung entgegenwirken, die bereits beim Züchter beginnt. Es ist nicht empfehlenswert, einen fremden Schnauzer ungefragt anzufassen. Wie auch die beiden größeren Schnauzerrassen Mittel- und Riesenschnauzer bringen Zwergschnauzer von Natur aus Wach- und Schutztrieb mit.

Pflege

Laut Rassestandard soll das Deckhaar drahtig und hart sein. Nicht jeder Zwergschnauzer hat diese Fellqualität, manchmal ist die Felltextur auch weicher (An den Läufen neigt das Haar dazu, weicher zu sein). Je nachdem wird das Fell getrimmt und nicht geschoren. Am besten lassen Sie sich von Ihrem Züchter oder von einem Hundefriseur mit Schnauzererfahrung beraten.

Man könnte den Zwergschnauzer auch als das deutsche Pendant zum Terrier bezeichnen: Ebenso wie viele Terrier waren seine Vorfahren beliebte Rattenfänger, und auch sein Wesen hat etwas terrierähnliches (allenfalls ist er in der Regel nicht ganz so quecksilbrig wie manche Terrier). Der ideale Besitzer ist gelassen, gerecht und selbstbewusst, er sollte nicht zu zögerlich sein – gewissermaßen eine „Führungspersönlichkeit".

VDH-Mitgliedsvereine
www.psk-pinscher-schnauzer.de

Zu wem passt der Zwergschnauzer?			
Reiselustige	☺	☺	(☺)
Sportliche	☺	☺	☺
Familien	☺	☺	☺
Gemütliche	☺		

mittel	mittel	12–15 Jahre	eingeschränkt

Zwergspitz (Pomeranian)

FCI-Standard-Nr. 97
Größe: 20 cm +/- 2 cm
Gewicht: bis etwa 3 kg
Farbe: schwarz, weiß, braun, orange, graugewolkt, creme, sable, black-and-tan, gescheckt

Herkunft und Verbreitung: Früher waren Spitze aller Größenvarianten außerordentlich beliebte und verbreitete Wachhunde auf Höfen, Fuhrwerken und Binnenschiffen. Besonders kleine Exemplare wurden auch als Gesellschaftshunde gehalten.
Wesen: Spitze sind sehr hoftreu; ein wildernder Spitz, der sich freiwillig von seinem Herrn entfernt, hat Seltenheitswert. Fremden gegenüber sind sie eher misstrauisch und melden zuverlässig alles, was sich ihrem Territorium nähert, wobei sie im Zweifelsfall auch nicht zögern, einmal zuzuschnappen. Dafür hängen sie mit umso größerer Liebe an ihrer Familie, sind auch verträglich mit anderen Tieren (eine entsprechende Sozialisierung vorausgesetzt). Der Zwergspitz eignet sich gut als Gesellschafter älterer Herrschaften, die unter Umständen nicht mehr ganz so aktiv sind. Spitze gelten als geeignete Anfängerhunde, eine konsequente Erziehung vorausgesetzt. Der Spitz lernt gut über positive Motivation, jeglicher Druck oder Strafen machen ihn stur.
Haltung: Vor allem während des Haarwechsels kann die Fellpflege recht zeitintensiv werden. Spitze sind gute Futterverwerter – achten Sie auf die schlanke Linie.

Das mag er	Das mag er nicht
bei seinem Besitzer sein, Bellen, Aufpassen	antiautoritäre Erziehung, grobe Behandlung, fremde Menschen

! Die Erziehung zur Stubenreinheit muss bei Zwerghunden sehr gewissenhaft erfolgen. Gehen Sie daher mit dem Welpen sehr häufig nach draußen.

Mini-Poms

Zwerghunde sind ein beliebtes „Mode-Accessoire“. It-Girls wie Paris Hilton tragen ihre Hündchen auf dem Roten Teppich spazieren – dies erhöht die Nachfrage nach solchen „Handtaschenhündchen“. Auch der Pomeranian gehört zu den bei Promis beliebten Zwergrassen. Dies führt dazu, dass unseriöse Züchter immer kleinere Exemplare anbieten. Lassen Sie unbedingt die Finger von solchen Mini- oder Teacup-Poms! Die Welpen werden oft viel zu jung „auf den Markt geworfen“. Hunde, die ausgewachsen weniger als 2 kg wiegen, sind viel gefährdeter für Gesundheitsprobleme als etwas größere und kräftigere Tiere. Die Welpen solcher „Mini-Poms“ können sehr schnell austrocknen oder lebensgefährliche Unterzuckerungen bekommen. Weitere typische Gesundheitsprobleme sind Trachealkollaps, Patellaluxation und offene Fontanellen (siehe Glossar).

? „Mistbeller“ wurden die Spitze früher genannt. Lenken Sie die sprichwörtliche Bellfreudigkeit des Spitz von klein an durch konsequente Erziehung in vernünftige Bahnen.

Sozialisierung

Zwergspitze entwickeln eine sehr enge Bindung an ihre Besitzer und sind wie ihre größeren Rassekollegen sehr wachsam. Diese Eigenschaften können bei schlechter Sozialisierung dazu führen, dass der Hund überängstlich oder angstaggressiv wird. Dies äußert sich dann unter Umständen in extremer Trennungsangst, aggressivem Verhalten gegenüber Fremden oder übermäßigem Bewachen von Spielsachen.

VDH-Mitgliedsvereine

www.deutsche-spitze.de

Das sollten Sie wissen

Wie andere Rassen, die gezielt auf ein sehr üppiges Stockhaar bzw. Langstockhaar gezüchtet werden (etwa manche Schlittenhunde, Chow Chow) kann auch beim Zwergspitz vereinzelt die so genannte Alopezia X auftreten: Hierbei fällt fast das gesamte Körperfell aus, es gibt bislang keine Therapie.

Zu wem passt der Zwergspitz?			
Reiselustige	☺	☺	☺
Sportliche	☺		
Familien	☺	☺	
Gemütliche	☺	☺	

Service

Fachwort-Glossar

Audiometrie: Verfahren zur Messung des Hörvermögens.

Brachyzephalie: Kurzköpfigkeit

BARF: Biologisch artgerechtes rohes Futter: Ernährungsmethode, bei der die Futterbestandteile (etwa Fleisch, Knochen, Gemüse) roh kombiniert werden.

BAS: Beim Brachyzephalen Atemnot-Syndrom kommt es aufgrund veränderter Proportionen und Fehlbildungen der anatomischen Strukturen im Nasen-Rachen-Bereich zu Atemproblemen.

Clicker: Positive Verstärkung über ein akustisches Signal.

Coursing: organisierter Querfeldeinlauf, gehört zu den Windhundesportarten.

Demodikose: Erkrankung durch den Befall mit Haarbalgmilben (Demodex canis).

Eklampsie: Durch Kalziummangel bedingte Krämpfe, besonders häufig während der Säugeperiode sehr kleiner und leichter Hunderassen.

Fanconi-Syndrom: Erbliche Nierenerkrankung, bei der Glukose (Zucker) mit dem Urin ausgeschieden wird.

Dogdancing: Choreographierte Fußarbeit zu Musik, meist mit integrierten Trick- und Showelementen.

Flyball: Hundesportart, bei der der Hund Hürden überwinden und einen aus einer Ballwurfmaschine apportierten Ball über die Hürden zurückbringen muss.

Glaukom: Sehnervschädigung durch erhöhten Augeninnendruck („Grüner Star").

HD: Hüftgelenksdysplasie; Fehlbildung der Hüftgelenke.

Katarakt: Trübung der Augenlinse („Grauer Star"). Neben dem Altersstar gibt es den Juvenilen Katarakt, der schon beim jungen Hund auftritt und erblich ist.

Kryptorchismus: Hodenhochstand; ein oder beide Hoden verbleiben in der Bauchhöhle oder im Leistenspalt.

Linsenluxation: Verlagerung der Augenlinse.

MDR1-Defekt: Angeborene Überempfindlichkeit gegen bestimmte Medikamente.

Obedience: Hundesportart, bei der der Hund verschiedene Aufgaben mit seinem Besitzer meistern muss.

Patellaluxation: Verlagerung der Kniescheibe, kommt häufiger bei Zwerghunderassen vor.

PRA: Progressive Retinaatrophie; Erkrankung der Augennetzhaut, führt im Endstadium zu Blindheit, bei vielen Rassen erblich bedingt.

Raubzeugschärfe: Die erwünschte Eigenschaft von Jagdhunden, Raubzeug und Raubwild (etwa Fuchs, Dachs, Steinmarder, Wanderratte, Rabenkrähe) anzugreifen.

Syringomyelie: Erkrankung des Rückenmarks.

Therapiehund: Spezielle Ausbildung für die Therapie – unterscheidet sich inzwischen vom Besuchshund, der beispielsweise für die Besuche in Altersheimen und Kindergärten ausgebildet wird.

Trachealkollaps: Abflachen der Luftröhre, kommt vor allem bei kleinen Hunderassen vor.

Trickdoging: Erlernen von „Tricks", variiert vom einfachen Männchen machen oder Pfote geben bis hin zu komplexen Aufgaben und Bewegungsabläufen.

Vorbiss: Gebissstellung, die Schneidezähne des Unterkiefers stehen vor den Schneidezähnen des Oberkiefers (bei brachyzephalen Rassen besonders ausgeprägt).

Adressen

Hier finden Sie Informationen zu den jeweiligen Rassezuchtclubs sowie über Hundeausstellungen:

Verband für das Deutsche Hundewesen
Westfalendamm 174
44141 Dortmund
Tel.: 02 31/5 65 00-0
Fax: 02 31/59 24 40
www.vdh.de
info@vdh.de

Österreichischer Kynologenverband (ÖKV)
www.oekv.at
office@oekv.at
Tel.0043 (0)2236 71 06 67

Schweizerische Kynologische Gesellschaft (SKG)
www.skg.ch
info@skg.ch
Tel.: 0041 (0)31 306 62 62

Buchtipps

del Amo, Celina: Welpenschule. Verlag Ulmer, 2010

del Amo, C.: Hundeschule Step by Step. Verlag Ulmer, 2007

del Amo, Celina, Jones-Baade, Renate, Mahnke, Karina: Der Hundeführerschein. Verlag Ulmer, 2009

Laukner, Anna Dr.: Hunde füttern, Verlag Ulmer, 2006

Laukner, Anna Dr.: Hunde pflegen, Verlag Ulmer, 2009

Laukner, Anna Dr.: Taschenatlas Hunderassen, Verlag Ulmer, 2011

Lehari, Gabriele: 400 Hunderassen von A-Z, Verlag Ulmer, 2009

Mahnke, Karina: Grundschule für Hunde. Verlag Ulmer, 2008

Nick, Ophelia: Das 4-Wochen-Erziehungsprogramm für Hunde. Verlag Ulmer, 2010

Ohl, Frauke: Körpersprache des Hundes. Verlag Ulmer, 2006

Schmidt-Röger, Heike: Das große Ulmer-Hundebuch. Verlag Ulmer, 2008

Danksagung

Ich möchte mich ganz herzlich bei all den Züchtern bedanken, die mir mit aktuellen Informationen zu ihren Rassen geholfen und mir wertvolle Ratschläge für mein Manuskript gegeben haben.
Insbesondere bedanke ich mich bei Frau Karin Biala-Gauss, die mich von ihrem reichen Erfahrungs- und Wissensschatz profitieren ließ.

Bildnachweis

Arco Images/NPL Lynn M. Stone: S. 82.
Patricia Berlitz: S. 26.
Ana Isabel Bujan Fehlandt: S. 86.
Canisreporting.com/Vanessa Grossemy: S. 16, 32, 38, 46, 48, 60, 70, 96, 110, 118.
Dr. Martina Czolgoszewski: S. 6.
Margrith Dönni: S. 44.
Elisabeth Egner-Heintz: S. 100.
Juniors Bildarchiv: S. 64, 94.
Ela Kirner: S. 88.
Sandra Klein: S. 106.
Janina Kruse: S. 36.
Sandra Kühnl: S. 72.
Heidy Larisch: S. 74.
Petra Maaz: S. 108.
Ulrike Schanz: S. 10, 78.
Ute Scheinkönig: S. 14.
Heike Schmidt-Röger: S. 2, 18, 34, 40, 56, 62, 76, 114, 116, 120, 122.
Nicole Schwitter: S. 90.
Alfons Spinnrock: S. 102.
Christine Steimer: S. 20, 50, 68, 84.
Marga Stein: S. 28.
Heidi Teuber: S. 12.
Tierfotoagentur.de/S. Gervelis: S. 80.
Tierfotoagentur.de/B. Mielewczyk: S. 54.
Tierfotoagentur.de/M. Kuhn: S. 124.
Tierfotoagentur.de/S. Starick: S. 92.
Tierfotoagentur.de/Traumfoto: S. 8, 112.
Bianka Titus-Langer: S. 42.
Rolf Tobis: S. 104.
Gabriela Wejat-Zaretzke: S. 24.
www.die-tier-fotografie.de/Zuzana Kristufkova: S. 58.
www.infohund.de/Eva-Maria Krämer: S. 22.
Zoonar/Bernd Brinkmann: S. 98.
Zoonar/Hans Kuczka: S. 66.
Zoonar/Christine Steimer: S. 30.
Zoonar/Petra Wegner: S. 52.

Impressum

Bibliografische Information der Deutschen Nationalbibliothek
Die Deutsche Nationalbibliothek verzeichnet diese Publikation in der Deutschen Nationalbibliografie; detaillierte bibliografische Daten sind im Internet über http://dnb.d-nb.de abrufbar.

Hinweis: Der Verlag Eugen Ulmer ist nicht verantwortlich für die Inhalte der im Buch genannten Websites.

Wollgrasweg 41, 70599 Stuttgart (Hohenheim)
E-Mail: info@ulmer.de
Internet: www.ulmer.de
Lektorat: Silke Behling
Herstellung: Ulla Stammel
Satz: Sabine Mascolo
Druck und Bindung: Firmengruppe APPL, aprinta druck, Wemding
Printed in Germany

Die in diesem Buch enthaltenen Empfehlungen und Angaben sind von der Autorin mit größter Sorgfalt zusammengestellt und geprüft worden. Eine Garantie für die Richtigkeit der Angaben kann aber nicht gegeben werden. Autorin und Verlag übernehmen keinerlei Haftung für Schäden und Unfälle. Der Leser sollte bei der Anwendung der in diesem Buch enthaltenen Empfehlungen sein persönliches Urteilsvermögen einsetzen.

ISBN 978-3-8001-7655-7